JISHU JIANDU DIANXING ANLI FENXI **BIANYAQILEI**

技术监督典型案例分析

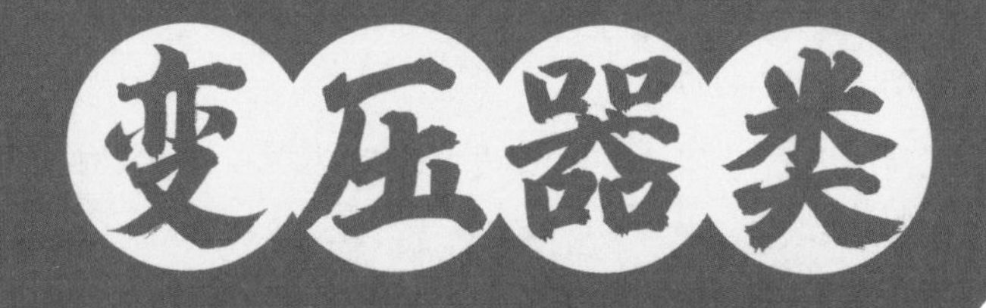

国网四川省电力公司　组编

内 容 提 要

技术监督是电力系统安全生产的重要保障，在电力设备的设计、采购、制造、安装、检修等关键环节中必须严格执行各专业技术标准和管理规定。

本书为《技术监督典型案例分析　变压器类》，分为三章，包括变压器、电流互感器和电压互感器。

本书可供从事技术监督的相关人员学习使用，也可供电气工程专业师生参考。

图书在版编目（CIP）数据

技术监督典型案例分析. 变压器类 / 国网四川省电力公司组编. —北京：中国电力出版社，2020.3

ISBN 978-7-5198-4377-9

Ⅰ. ①技…　Ⅱ. ①国…　Ⅲ. ①电力系统－技术监督－案例②变压器－技术监督－案例　Ⅳ. ①TM7

中国版本图书馆 CIP 数据核字（2020）第 030339 号

出版发行：中国电力出版社
地　　址：北京市东城区北京站西街 19 号（邮政编码 100005）
网　　址：http://www.cepp.sgcc.com.cn
责任编辑：罗　艳（yan-luo@sgcc.com.cn，010-63412315）
责任校对：黄　蓓　朱丽芳
装帧设计：张俊霞
责任印制：石　雷

印　　刷：三河市万龙印装有限公司
版　　次：2020 年 4 月第一版
印　　次：2020 年 4 月北京第一次印刷
开　　本：710 毫米×1000 毫米　16 开本
印　　张：10
字　　数：181 千字
印　　数：0001—1000 册
定　　价：72.00 元

《技术监督典型案例分析　变压器类》

编　委　会

编写成员名单

主　　编　刘　睿

执行主编　刘　凡

副 主 编　陈　凌　蒋　伟　吴晓晖　苏明虹

编写人员　张宗喜　冯　运　龙震泽　白　欢

张智勇　毛　强　罗　洋　谢　茜

何雨峰　唐　铭　郭洪洲　干建伟

田　洋　钟　斌　李　健　向天堂

张　豪

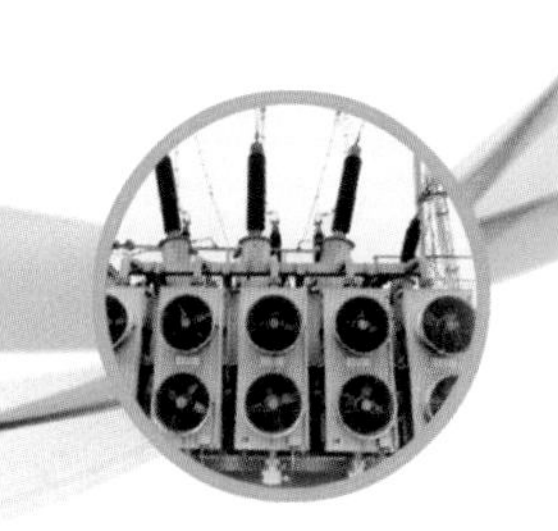

前　言

技术监督是电力系统安全生产的重要保障，在电力设备的设计、采购、制造、安装、检修等关键环节中必须严格执行各专业技术标准和管理规定。随着四川电网的不断发展，新技术、新设备、新工艺的应用，全过程技术监督的内容更加丰富和重要。设备缺陷及故障分析是技术监督一项重要内容，通过对设备缺陷及故障的深入分析，针对原因采取有效措施，避免同类缺陷及故障的反复出现。根据目前技术监督工作面临的形势和要求，为提高各级单位技术监督水平，针对生产实际中出现的变压器类、开关类、线路类设备的故障（缺陷）案例进行全面梳理、经验总结和深入分析的基础上，编写了《技术监督典型案例分析》丛书，以典型案例分析的方式强化读者对技术监督标准和规定的理解。本书为《技术监督典型案例分析　变压器类》，汇编的典型案例是四川电网变压器类设备近几年来发生的典型缺陷和故障，包括变压器、电抗器、电流互感器、电压互感器四类设备，涵盖物资采购、基建安装、运行维护等多个环节。本书适合于电力设备技术监督运维人员、变压器设计制造技术人员以及电气工程专业师生等。

本书是国网四川省电力科学研究院设备状态评价中心变电技术人员在多年的工作中，深入分析、长期积累、不断总结的成果，感谢同事们对本书的大力协助。典型案例中涉及的相关供电公司、变压器厂家，在资料收集、案例分析中提供了支持，在此一并感谢。

由于编写时间仓促，书中难免存在疏漏之处，望广大读者批评指正。

编　者

2019 年 11 月

目 录

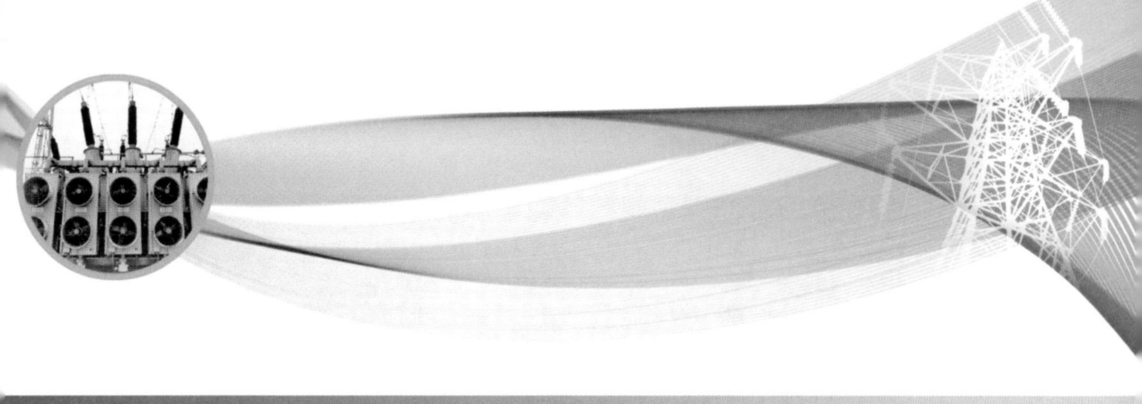

第一章 变 压 器

±800kV 换流站极Ⅰ高端 YD－C 相换流变压器异常产气分析

一、案例简介

2016 年 6 月 25 日，某省电力科学研究院接到某特高压换流站工程联系单。换流站极Ⅰ高端 YD－C 相换流变压器在运行过程中发现乙烯、乙炔等特征气体突发增长。结合该台换流变压器油化检测数据，初步判断该台换流变压器存在高温裸金属过热，且特征气体增长速率较快，情况较严重，电力科学研究院建议立即停电更换该台换流变压器。运行单位采纳电力科学研究院技术监督意见，于 2016 年 6 月 25 日 11:00 将该台换流变压器退出运行。

二、案例分析

1. 缺陷查找

换流站极Ⅰ高端 YD－C 相换流变压器型号为 ZZDFPZ－406000/500－600，在线油色谱数据如图 1－1 所示。

从 2016 年 6 月 24 日 16:40 起，甲烷、乙烯气体含量开始出现增长，25 日 1:40，乙炔气体开始出现，至 25 日 8:40，甲烷、乙烯、乙炔气体含量均大幅增长，分别达到 93.6、106.6、3.1μL/L。25 日 7:30、11:00 的离线油色谱数据见表 1－1，确认了特征气体的大幅增长。总烃、乙炔气体含量及产气速率均超过 DL/T 722—2014《变压器油中溶解气体分析和判断导则》的规定。

■：全站 / 换流变设备 / 极I高端换流变YD C相 / 极I高端换流变YD C相油色谱

时数据　历史数据　历史事件

导出

采样时间	氢气测量量(μL/L)	一氧化碳测量量(μL/L)	二氧化碳测量量(μL/L)	甲烷测量量(μL/L)	乙炔测量量(μL/L)	乙烯测量量(μL/L)	乙烷测量量(μL/L)	总烃测量量(μL/L)	氧气测量量(μL/L)
2016-06-25 08:41:06	76.700	129.400	576.900	93.600	3.100	106.600	17.600	220.900	644.400
2016-06-25 05:41:04	58.800	123.900	556.300	71.100	2.400	82.300	13.900	169.700	619.200
2016-06-25 04:41:07	56.100	128.500	570.200	67.000	2.200	78.600	13.300	161.100	639.000
2016-06-25 01:41:05	41.400	127.000	569.400	47.600	1.600	58.500	9.800	117.500	632.300
2016-06-25 00:41:08	36.300	126.900	567.700	43.500	0.000	54.200	9.700	108.800	629.600
2016-06-24 21:41:06	27.800	126.000	569.600	31.400	0.000	41.700	7.200	81.500	626.300
2016-06-24 20:41:09	26.900	124.200	557.700	27.500	0.000	35.700	6.400	71.000	615.300
2016-06-24 16:41:10	22.500	126.600	564.200	10.900	0.000	17.800	0.000	28.700	0.000
2016-06-24 12:41:11	9.400	127.600	573.200	0.000	0.000	3.200	0.000	3.200	0.000
2016-06-24 08:41:12	0.000	129.600	578.800	0.000	0.000	0.000	0.000	0.000	0.000
2016-06-24 04:41:13	0.000	127.400	567.500	0.000	0.000	0.000	0.000	0.000	0.000
2016-06-24 00:41:14	0.000	124.700	564.200	0.000	0.000	0.000	0.000	0.000	0.000

图 1－1　换流变压器在线油色谱数据

表 1－1　换流变压器离线油色谱数据

取样时间	取样位置	CH_4	C_2H_4	C_2H_6	C_2H_2	H_2	CO	CO_2	总烃
2016 年 5 月 17 日	本体底部	4.0	0.4	0.9	0.1	3.9	99.7	432.4	5.6
2016 年 6 月 8 日	本体底部	3.0	0.3	0.6	0.1	8.9	106.2	436.8	4.1
2016 年 6 月 25 日 7:30	本体底部	86.2	122.4	17.2	2.4	69.1	153.7	504.1	228.3
2016 年 6 月 25 日 11:00	本体底部	108.8	155.2	20.7	3.8	89.8	257.8	536.3	288.6
	本体中部	125.4	166.4	21.8	4.2	117.7	305.5	545.9	317.9
	本体顶部	108.9	148.3	20.8	3.8	85.0	278.4	505.3	281.9
	1.1 主瓦斯	97.5	139.5	18.7	3.4	70.5	218.8	495.7	259.2
	1.2 网侧 A（瓦斯）	120.1	164.2	22.7	3.7	98.5	249.9	431.3	310.8
	1.3 网侧 B（瓦斯）	118.3	166.9	23.2	3.7	97.2	247.3	440.2	312.3
	1.4 阀侧 a（瓦斯）	103.2	133.2	18.1	3.2	84.2	245.9	490.6	257.9
2016 年 6 月 25 日 11:00	1.5 阀侧 b（瓦斯）	98.7	128.2	16.3	2.9	69.4	248.3	528.1	246.3
	1.6 有载分接开关 1（瓦斯）	132.8	197.4	24.2	4.4	102.8	259.7	538.6	358.9
	1.7 有载分接开关 2（瓦斯）	121.3	174.5	22.4	4.2	94.8	252.1	528.1	322.6

因主要特征气体为甲烷和乙烯，同时一氧化碳、二氧化碳未发生明显变化，初步判断为金属性过热缺陷。为精确判定故障类型，采用了三比值法和大卫三角法。$C_2H_2/C_2H_4=0.025$，$CH_4/H_2=1.211$，$C_2H_4/C_2H_6=7.497$，对应编码规则，故障编码为 022，故障类型为高温过热（高于 700℃）。$C_2H_2\%$、$C_2H_4\%$、$CH_4\%$分别为 1.4%、57.9%、40.6%，对应故障区域时 T3，判定缺陷类型为高于 700℃的过热故障。大卫三角法与特征气体法，三比值法结论一致。

鉴于异常产气为裸金属过热造成，对该换流变压器进行铁芯、夹件绝缘电阻、直流电阻及变比测试。夹件对铁芯及地、铁芯对夹件及地、铁芯对夹件绝缘电阻分别为 1770、1830、3690MΩ，铁芯、夹件绝缘良好。各分接挡位直流电阻及变比值均符合 Q/GDW 1168—2013《输变电设备状态检修试验规程》的要求。而后对分接开关进行吊芯检查，分接开关外观、各分接挡位回路电阻、切换开关过渡时间测试均未见异常，如图 1-2 所示。

因电气试验数据未见异常，判定过热缺陷可能由等电位环流造成。因此拔出网侧及中性点套管检查均压环和导电回路之间的等电位连接线，如图 1-3 所示，其检查结果未见异常，连接良好。而后厂家技术人员从变压器本体下部人孔进入内部进行检查，历时 2 天，未发现明显发热点。而后根据 2014 年该换流站极Ⅱ高端 YY-B 换流变压器高温过热缺陷处理经验，决定拨开绕组间“手拉手”并联引线处绝缘进行检查，如图 1-4 所示。

图 1-2　有载分接开关检查

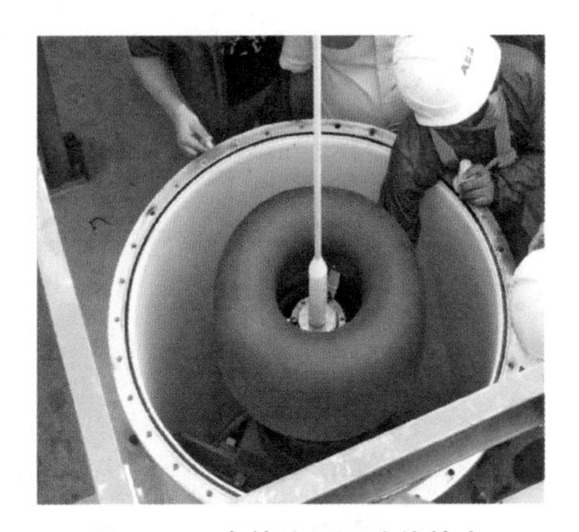
图 1-3　套管均压环连线检查

剥开引线外层绝缘纸及金属屏蔽管后，发现支撑并联引线和屏蔽管等电位线的绝缘垫块发生错位，多股引线表面有烧蚀痕迹，在金属屏蔽管上用于固定等电位连接线的螺栓表面有发热烧蚀痕迹，如图 1-5 所示。

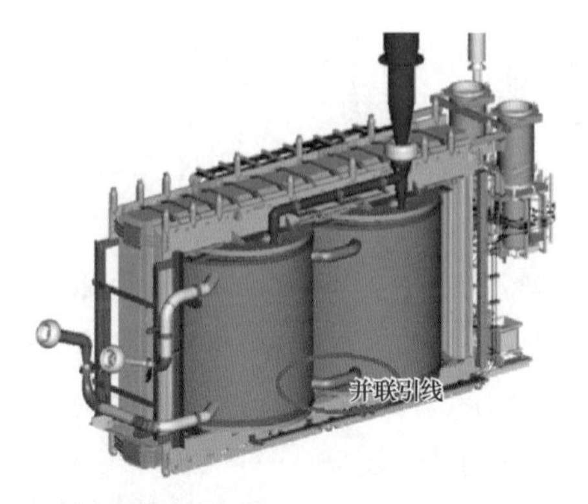

图 1-4　阀侧绕组并联引线

图 1-5　阀侧绕组并联引线与金属屏蔽管烧蚀情况

2. 缺陷原因

阀侧绕组“手拉手”并联引线与金属屏蔽管等电位连接线之间的间隙小。支撑并联引线的绝缘垫块因振动发生移动错位，导致并联引线与金属屏蔽管之间的距离减小，并联引线与等电位连接线固定螺栓发生接触。在换流变压器大负荷运行期间，形成“并联引线—等电位连接线—螺栓—并联引线”闭环回路，如图 1-6 所示。由于阀侧绕组并联引线持续流过阀侧额定电流的二分之一，导致并联引线周围存在较大的交变磁场，故会在上述闭环中形成环流。局部环流导致绝缘油介质高温过热，分解出大量甲烷、乙烯，少量氢气、乙炔等故障特征气体，同时由于故障位置涉及的纸绝缘较少，一氧化碳、二氧化碳气体含量未发生明显变化。

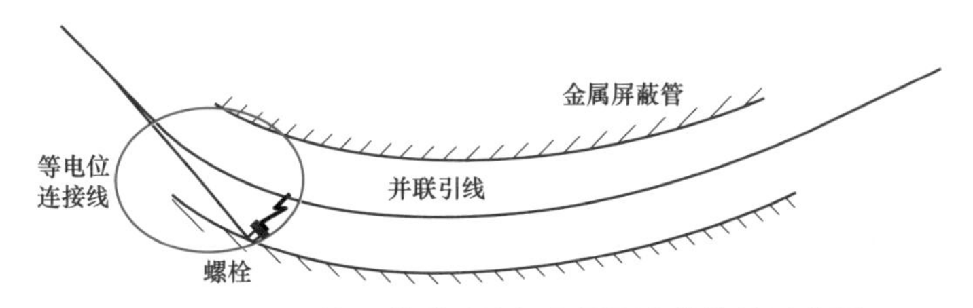

图 1-6 阀侧绕组并联引线与金属屏蔽管烧蚀示意图

3. 缺陷处理

因在线油色谱反应灵敏，停电处理及时，高温过热未对并联导线的导体造成损毁。厂家建议在现场对缺陷进行修复。厂家对并联引线处的绝缘垫块进行加宽加固，并用绝缘纸加强螺栓处绝缘，避免类似缺陷再次发生。经现场绝缘修复，真空注油后，该换流变压器所有常规试验数据满足规程要求，并通过了省电力科学研究院实施的长时感应耐压带局部放电试验。

±800kV 换流站极Ⅰ高端 YY-A 相铁芯（夹件）绝缘缺陷分析及处理

一、案例简介

2016 年 4 月 6 日，某电力科学研究院在±800kV 锦屏换流站年度检修技术监督中发现极Ⅰ高端 YY-A 相换流变压器（型号为 LTSH146TR，2012 年 12 月投运）铁芯对夹件的绝缘电阻异常。该换流变压器铁芯、夹件引出结构如图 1-7 所示。

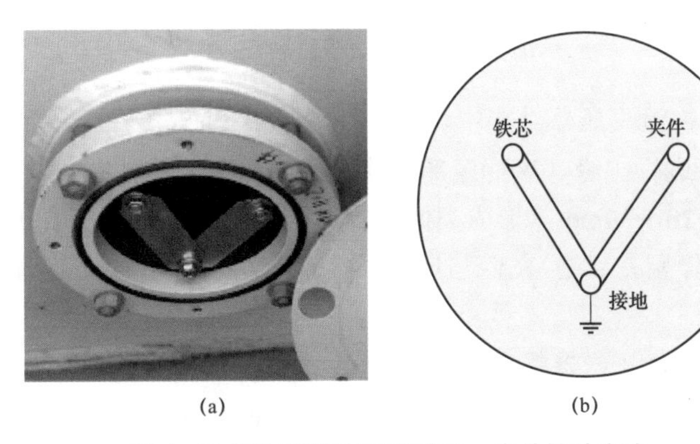

(a) (b)

图 1-7 缺陷换流变压器铁芯、夹件接地方式

（a）实物图；（b）示意图

经现场反复测试，该变压器铁芯对夹件绝缘为 0，铁芯及夹件对地绝缘电阻合格。DL/T 273—2012《±800kV 特高压直流设备预防性试验规程》规定，铁芯对夹件绝缘不低于 1GΩ。随后分析 2015 年 1 月之后该台换流变压器的油色谱历史数据，结果无异常。

二、案例分析

1. 缺陷查找

通过分析 2015 年 1 月～2016 年 4 月的在线油色谱和离线油色谱数据发现，其内部未发生铁芯/夹件多点接地而引起发热的迹象。通过分析该换流变压器的器身结构（见图 1－8）发现该变压器结构较易导致油箱底部铁芯夹件之间沉积杂质，造成铁芯夹件绝缘降低，所以怀疑该换流变压器的铁芯夹件之间存在杂质。

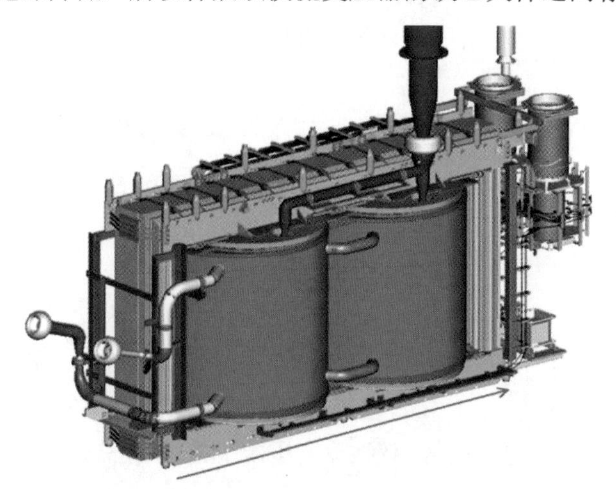

图 1－8　换流变压器结构

图 1－8 所示换流变压器结构中，夹件（图中箭头方向）与油箱底部之间垫 4～6mm 的玻璃丝件进行绝缘（夹件底部与油箱底部由玻璃丝件完全填充），铁芯底部与油箱底部为 20～30mm，形成类似于隧道形状。因此，换流变压器停运后油中的杂质可能在停留在铁芯/夹件与地之间、铁芯与夹件之间，从而导致绝缘不合格。

为了判断该换流变压器铁芯和夹件间是否存在杂质导致铁芯和夹件桥接，随后开启该换流变压器 4 台油泵进行油循环，油循环 12h 后再次对铁芯对夹件绝缘进行复测，结果表明：在 50～1000V 的测试电压下，铁芯与夹件之间存在贯穿性的导通，即绝缘电阻为 0；当采用万用表测量时，铁芯与夹件之间绝缘电阻为 2.3kΩ，仍小于规程要求值。根据油循环后的复测结果，说明铁芯和夹件之间存在的导电性杂质非完全桥接，但在较低电压下就会被击穿而呈现导通状态。

2. 缺陷原因

该换流变压器铁芯对夹件绝缘不合格是油箱内部杂质导致铁芯与夹件的非完全性贯通而形成的；采用注流的方法对处理此类杂质导致的铁芯、夹件绝缘不合格具有较好的效果。

3. 缺陷处理

根据上述分析结果，4 月 10 日 14:00，该电力科学研究院联合运维单位及厂家在铁芯和夹件引出点之间采用调压器进行注流的方式，将铁芯与夹件间的杂质烧掉（现场处理如图 1－9 所示）。

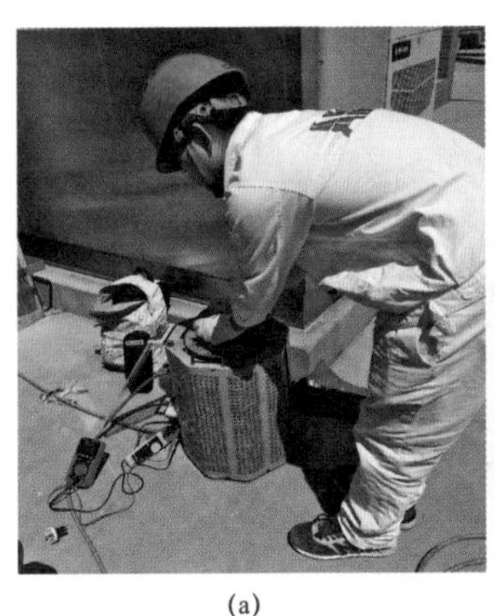

(a)

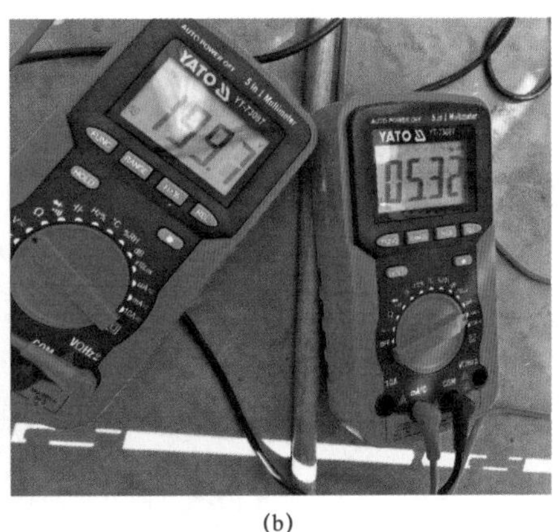

(b)

图 1－9　现场处理情况

（a）现场处理；（b）处理结果

通过图 1－9 所示的处理后，铁芯对夹件绝缘恢复正常（＞8GΩ）。

±800kV 换流变压器油中溶解气体异常的分析与处理

一、案例简介

某±800kV 换流变压器于 2012 年 10 月 17 日投运，投运后油中溶解气体乙炔异常增长，于 2013 年 1 月 11 日停电检修，发现 A 套管底部主导流线与屏蔽罩间的等电位线在屏蔽罩侧接头松脱。经处理后重新投运，投运后跟踪分析，乙炔未见增长，但氢气含量却又异常增长。于2013年10月进行热油循环脱气处理再次投运，目前该设备正常。

二、案例分析

1. 缺陷查找

该换流变压器于2012年出厂，型号为LTSH146TR，冷却方式为强迫油循环风冷，绝缘油重133.65t。该变压器于2012年10月17日投运，投运前油中溶解气体分析正常，高压试验正常。2012年10月18日带电24h后，油中溶解气体分析发现有0.2μL/L的乙炔，随后每日连续多点油中溶解气体跟踪分析，发现该台换流变压器油中乙炔含量异常增长，同时各取样点油中溶解气体并无明显区别。后进行大负荷试验，本体底部乙炔增长至0.79μL/L，2012年11月26日本体底部乙炔增长至1μL/L。2013年1月11～12日经过检修，2013年1月25日再次带电运行并每日连续多点进行油中溶解气体跟踪分析，乙炔未见增长，但氢气含量却又异常增长，同时甲烷也明显增长。

应直流建设部要求，在2012年11月27日进行了5次充电试验，以便进行超声定位，但超声定位仅检测到了微弱的信号，没有进行准确定位。充电试验结束后发现A套管升高座油中乙炔增长至4.7μL/L，本体底部油中乙炔为1μL/L，2012年11月28日，高压局部放电试验正常，后监视运行，检测数据见表1－2。

表1－2　油中溶解气体分析数据（乙炔异常）　单位：μL/L

日期	取样部位	CH_4	C_2H_4	C_2H_6	C_2H_2	H_2	CO	CO_2	总烃	备注
2012年10月8日	本体底部	0.3	0	0	0	0	10	123.8	0.3	带电前
2012年10月18日	本体底部	0.46	0.1	0	0.2	0.98	26.45	134.36	0.76	带电第一天
2012年10月20日	本体底部	0.57	0.18	0	0.33	1.30	28.03	126.34	1.08	带电第三天
2012年10月22日	本体底部	0.91	0.37	0	0.65	1.99	27.29	187.20	1.93	带电第五天
	a套管升高座	0.65	0.23	0	0.40	0.22	16.06	123.59	1.28	
	A套管升高座	0.79	0.27	0	0.48	4.10	24.96	195.85	1.54	
	b套管升高座	0.85	0.32	0	0.59	2.99	27.67	189.98	1.76	
	B套管升高座	0.80	0.31	0	0.57	2.82	24.84	185.95	1.68	
2012年10月23日	本体底部	0.70	0.43	0	0.79	2.47	31.59	151.21	1.92	大负荷后

续表

日期	取样部位	CH_4	C_2H_4	C_2H_6	C_2H_2	H_2	CO	CO_2	总烃	备注
2012年11月27日	本体底部	1.26	0.78	0.18	1.09	2.89	42.73	172.55	3.31	超生定位结束后
	A套升高座	3.03	3.11	0.48	4.57	9.4	44.87	192.56	11.19	
2012年11月29日	本体底部	1.33	0.94	0.25	1.26	3.34	42.03	166.61	3.78	
	A套升高座	1.25	1.19	0.66	1.47	3.78	42.85	166.33	4.57	
2012年12月21日	本体底部	1.99	1.55	0.27	2.42	6.80	54.91	221.97	6.23	
	A套升高座	2.04	1.69	0.29	2.64	6.69	52.36	228.6	6.66	

2. 缺陷原因

（1）油中乙炔增长。2012年10月17日投运前，油中溶解气体分析正常，带电运行24h后，出现了0.2μL/L的乙炔，且除乙烷外其他组分的气体均有所增加，后随着负荷的增加，各组分明显增加，说明设备存在缺陷。由于溶解气体各组分的含量并不高，不适宜采用三比值，宜采用特征气体法。将2012年10月18日与17日的数据相比，产生的特征气体主要是乙炔和氢气，其次是甲烷和乙烯，属于低能量的放电故障。后结合停电检修结果，A套管底部主导流线与屏蔽的等电位线在屏蔽罩侧接头松脱，导致悬浮放电。

（2）检修投运后油中氢气增长。经过2013年1月11日和12日检修，2013年1月25日再次带电运行并每日连续多点进行油中溶解气体跟踪分析，乙炔未见增长，但氢气含量却又异常增长，同时甲烷也明显增长。根据特征气体法，初步判断由于设备受潮导致氢气异常增加。同时结合检修工艺即2013年1月11日和12日对A套管与其升高座连接部位进行检查时，排油后未抽真空，A套管在空气中暴露时间长，又未进行热油循环，导致设备受潮，所以导致投运后油中氢气增加。后于2013年10月经进行热油循环脱气处理后氢气变为3.03μL/L，后该设备油中溶解气体含量一直正常。

3. 缺陷处理

2013年1月11日停电检修，将约9t变压器本体油排至储油柜中，油位下降到网侧升高座下约300mm，对温度计座进行清理和密封处理，本体内充干燥空气保存。

（1）A套管升高座检查情况。对A套管升高座进行检修，未见异常。

（2）A套管连接检查情况。2013年1月12日对A套管与其升高座连接部位进行检查，将A套管从其升高座中拔出后，发现套管底部主导流线与屏蔽罩间的等电位线（见图1－10）在屏蔽罩侧接头松脱，如图1－11所示。

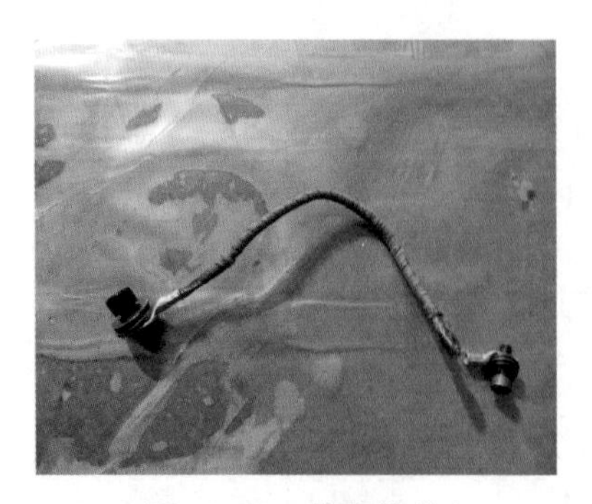

图 1-10　等电位线

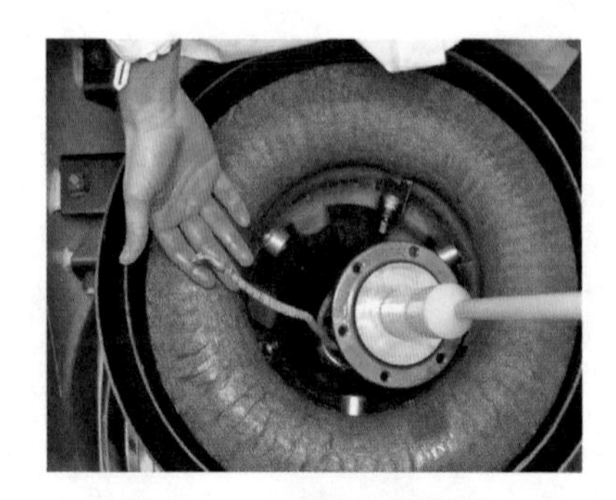

图 1-11　等电位线松脱

然后使用新的等电位线进行更换，安装好 A 套管。打开主导气管的蝶阀及闸阀，将储油柜中的油（约 9t）自然注入换流变压器本体，并对所有放气点进行排气，但未进行抽真空处理。

（3）带电运行后的跟踪分析。于 2013 年 1 月 25 日再次带电运行并每日连续多点进行油中溶解气体跟踪分析，乙炔未见增长，但氢气含量却又异常增长，从 2013 年 1 月 25 日～5 月 2 日本体底部氢气由 0.17μL/L 增长为 152.39μL/L，后监视运行至 2013 年 8 月 9 日，本体底部氢气增长至 286.40μL/L。检测数据见表 1-3。后停电退出运行进行检修。2013 年 10 月 20 日进行热油循环脱气处理后氢气变为 3.03μL/L。

表 1-3　油中溶解气体分析数据（氢气异常）　单位：μL/L

日期	取样部位	CH_4	C_2H_4	C_2H_6	C_2H_2	H_2	CO	CO_2	总烃	备注
2013 年 1 月 25 日	本体底部	0.24	0.10	0.09	0.19	0.17	4.37	106.15	0.62	带电前
2013 年 1 月 26 日	本体底部	0.28	0.09	0.06	0.21	0.46	4.82	102.97	0.64	检修后带电运行第二天
2013.年 2 月 25 日	本体底部	1.45	0.13	0.15	0.28	39.57	16.02	196.59	2.01	
2013 年 4 月 20 日	本体底部	4.26	0.17	0.40	0.35	121.02	26.40	295.96	5.18	
	A 套升高座	5.60	0.22	0.43	0.46	179.51	34.30	348.29	6.71	
	B 套升高座	6.68	0.26	0.64	0.56	223.50	46.02	526.48	8.14	
2013 年 7 月 4 日	本体底部	8.02	0.21	0.72	0.35	264.45	51.94	409.93	9.30	
2013 年 8 月 9 日	本体底部	9.19	0.23	0.64	0.32	286.40	80.10	402.35	9.62	
2013 年 10 月 20 日	本体底部	0.12	0.11	0.33	0.33	3.03	18.22	260.21	0.89	热油循环、脱气处理后
2013 年 10 月 25 日	本体底部	0.15	0.11	0.35	0.32	3.13	20.31	264.31	0.93	
2014 年 10 月 15 日	本体底部	3.53	0.29	0.44	0.28	4.30	131.31	600.29	4.54	
2015 年 8 月 27 日	本体底部	5.63	0.39	0.64	0.24	4.90	170.77	858.97	6.90	

500kV 变电站 35kV 1－2 电抗器紧固螺栓松动缺陷

一、案例简介

2015 年 10 月 15 日 12:00，500kV 变电站 35kV 1－2 电抗器在设备正常运行过程中突发轻瓦斯保护报警，电气试验班立刻对该电抗器进行连续两天绝缘油的油中溶解气体试验，初步判断设备内存在电弧放电兼过热故障。

检修公司随后对电抗器吊罩检查，发现铁芯夹件穿心螺杆外的螺母松动，并可观察到明显的放电痕迹。该电抗器经检修处理后重新投入运行，缺陷消除。

二、案例分析

1. 缺陷查找

35kV 1－2 电抗器型号为 BKS－45000/35，出厂编号为 2002137－1，2002 年制造，投运日期为 2003 年 8 月 28 日，属于补偿电抗器，运行时根据电网需求，投切频繁，且并未经历恶劣天气等不良工况，乙炔超标应是突发故障。由于是内部故障，设备外观并无异常。2015 年 10 月 15 日 12:00 左右，35kV 1－2 电抗器轻瓦斯保护报警，电气试验班随后从电抗器底部取样进行油中溶解气体分析。试验结果显示，其乙炔含量达到 5.38μL/L，超过了注意值（≤5μL/L）的标准，利用三比值法发计算得出编码为 121，故障类型为电弧放电兼过热。

10 月 16 日，电气试验班对该电抗器上、中、下三个部位进行取样复测油中溶解气体，测试结果（见表 1－4）与 15 日测试结果基本一致，但中部位置烃类含量较上、下部略高（乙炔含量 5.70mL/L），由此大致推断故障位置可能接近电抗器的中间部位。

表 1－4　　油中溶解气体色谱分析

试验日期	油中溶解气体组分及含量（μL/L）								结论	备注
	H_2	CO	CO_2	CH_4	C_2H_4	C_2H_6	C_2H_2	总烃		
2013 年 12 月 17 日	0.7	18.28	135.78	0.49	0	0	0	0.49	正常	大修后
2014 年 7 月 11 日	5.93	368.97	6482.03	61.67	10.42	20.04	0	92.13	正常	
2015 年 4 月 9 日	8.96	453.27	6311.25	68.33	11.06	23.94	0	103.33	正常	
2015 年 9 月 23 日	13.04	616.08	6806.13	24.85	10.81	5.81	0	41.47	正常	

续表

试验日期	油中溶解气体组分及含量（μL/L）								结论	备注
	H_2	CO	CO_2	CH_4	C_2H_4	C_2H_6	C_2H_2	总烃		
2015 年 10 月 15 日	16.30	703.91	5934.56	19.64	13.66	6.51	5.38	45.19	不合格	
2015 年 10 月 16 日	16.84	720.98	5992.98	19.62	13.75	6.55	5.27	45.19	不合格	上部
2015 年 10 月 16 日	17.86	771.72	6478.33	21.73	14.97	7.04	5.70	49.44	不合格	中部
2015 年 10 月 16 日	15.75	705.43	6189.47	19.93	14.19	6.75	5.42	46.29	不合格	下部

2015 年 11 月 25 日，检修公司对 35kV 1－2 电抗器吊罩检查，发现铁芯夹件穿心螺杆外的螺母松动，并可观察到明显的放电痕迹，如图 1－12 所示。如图 1－13 所示，铁芯紧固件紧固螺栓松动，检修人员用手即可拧动。螺杆与螺母与上夹件接触面间有明显的放电痕迹，过热点漆膜变黑。

图 1－12　吊罩现场

图 1－13　穿心螺杆（中间偏大）

2. 缺陷原因

由于变电站 35kV 1－2 电抗器属于无功调节设备，投切频繁。电抗器空载合闸时，在励磁涌流的作用下，电抗器振动较大，铁芯紧固件间产生间隙，甚至造成螺栓松动。同时，夹件与撑板接触面间存在的漆膜导致导通性下降，引起铁芯紧固件和螺母悬空。在电抗器空载合闸时，电流突然增大，漏磁通也随之发生剧变，产生较高的漏感电动势，从而在漏磁回路的间隙间产生较大的电位差而发生放电现象，并在处于漏磁场中的铁芯紧固件间产生环流。由于铁芯紧固件的螺母带有悬浮电位，因此螺栓与紧固件间也会产生间隙放电（火花放电），最终导致油中乙炔含量升高。

3. 缺陷处理

检修人员现场对铁芯紧固件进行了紧固、对放电污物进行清理。电抗器处理重新投运后，乙炔出现了轻微增长，但经过20天后趋于稳定。此时的乙炔增长应为电抗器绝缘夹件及油纸绝缘材料残存的绝缘油缓慢释放所致，并非故障，电抗器重新恢复正常运行状态。设备吊罩检修后油中溶解气体色谱分析数据见表1－5。

表1－5　　设备吊罩检修后油中溶解气体色谱分析数据

试验日期	油中溶解气体组分及含量（μL/L）								结论	备注
	H_2	CO	CO_2	CH_4	C_2H_4	C_2H_6	C_2H_2	总烃		
2015年12月1日	0	1.21	71.55	0.15	0	0	0	0.15	正常	吊罩检修后
2015年12月2日	0	1.19	10.18	0.17	0	0	0	0.17	正常	
2015年12月8日	1.67	9.94	408.33	0.51	0.17	0	0.23	0.91	有乙炔	投运后
2015年12月9日	1.86	11.04	389.00	0.51	0.20	0	0.24	0.95	有乙炔	
2015年12月16日	2.85	14.41	4455.12	0.60	0.26	0.16	0.34	1.36	有乙炔	
2015年12月30日	3.27	15.69	476.38	0.79	0.28	0.16	0.38	1.61	有乙炔	

500kV变电站电容器组串抗案例分析

一、案例简介

2015年6月5日10:41，某500kV变电站35kV 1－1号电容器组311断路器经无功补偿装置（AVC）自动投入运行，断路器合闸后，运行人员进行例行巡视，在巡视时发现35kV 1－1号电容器组A相串联电抗器顶部开始冒烟着火，如图1－14所示，此时35kV 1－1号电容器组311断路器并未跳闸，无告警信息。10:46省调监控拉开35kV 1－1号电容器组311断路器及相邻间隔35kV 1－2号电容器组312断路器。随后现场运行人员对A相串抗进行灭火，现场未造成事故扩大。

图 1－14 35kV 1－1 号电容器组 A 相烧毁串抗

二、案例分析

1. 缺陷查找

35kV 1－1 号电容器组 A 相串抗近五天的无功补偿装置投切次数表明，该电容器组未发生频繁投切操作，排除因频繁投切造成串抗烧毁。对 35kV 1 母测控 A 相电压曲线及 35kV 1－1 号电容器 A 相电流曲线进行分析，电压与电流未出现异常，说明电容器组在投切过程中的系统电压满足设备运行条件，排除因过电压造成串联电抗器烧毁。通过 6 月 4 日 35kV 1－1 号电容器组 A 相串联电抗器与非故障 B 相红外测温进行对比，A 相串联电抗器在正常运行中未出现异常过热现象，如图 1－15 所示。

(a)

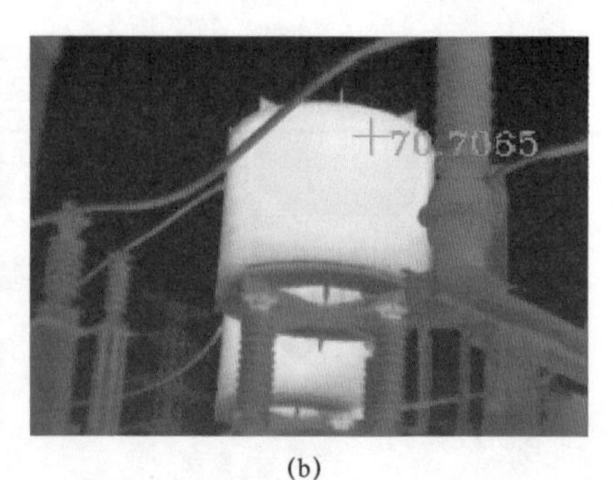

(b)

图 1－15 1－1 号电容器组红外测温

（a）A 相串联电抗器；（b）B 相串联电抗器

根据串联电抗器烧毁情况（见图 1－14），其顶部的固定压紧件已被烧断，其自里向外第四个包封的气道已被电抗器烧毁的残渣填满，着火点处于该包封的中上部，判断 1－1 号电容器组 A 相串联电抗器其自里向外第四个包封本身内部存在绝缘薄弱是造成本次烧毁的原因，导致该绝缘薄弱点在 AVC 投切电容器组的合闸冲击下出现绝缘损坏，进而发生烧毁故障。

2. 结论与建议

（1）在日常运维工作中，建议加强对串联电抗器红外检测，并与相邻设备测温结果进行比对分析，观察其温度是否存在异常。

（2）建议各供电公司结合年度例行试验对无功补偿装置的全部设备进行检修，查找设备缺陷或隐患，并及时进行消缺工作，确保无功补偿装置系统能稳定可靠运行。

500kV 变电站 35kV 固定式电容器组串抗案例分析

一、案例简介

根据 2016 年 500kV 东×一、二线线路覆冰情况，2016 年 1 月 24 日 19:08 超调下令东×站将融冰装置阀解锁启动，检修公司利用 500kV 东×站站内固定直流融冰装置通过 500kV 坡×一线对 500kV 东×一线进行融冰。500kV 东×双回长 288km，500kV 坡×一线长 56km，受东×线线路长度的影响，要保证 4000A 融冰电流，在 35kVⅡ段母线投入了 35kV 2－1 号、2－2 号电容器组，在对 500kV 东×一线进行融冰持续大约 10min 后，出现了串联电抗器烧毁故障。值班人员巡视发现 35kV 2－1 号电容器组 C 相串联电抗器着火冒烟，立即通知人员现场组织灭火，并退出融冰。串联电抗器烧毁情况如图 1－16 所示。

图 1－16　35kV 2－1 号电容器组 C 相烧毁串联电抗器

二、案例分析

1. 缺陷查找

（1）故障设备试验数据分析。省检修公司 1 月 25 日重点对故障电容器组的空心电抗器进行了现场试验，试验数据见表 1－6。

表 1-6 故障设备试验数据分析

试验名称	使用仪器	试验数据				
直流电阻测量（Ω）	3396A 直流电阻测试仪	部位	A	B	C	误差%
		测试值	0.01614	0.01622	0.03547	85.49
		上次测试值	0.01728	0.01723	0.01721	0.41
电抗值测量（Ω）	AI-6600 电容电感测试仪	相别	铭牌值	上次测试值	本次测试值	误差%
		A	2.18	2.244	2.231	2.3
		B	2.18	2.246	2.224	2.0
		C	2.18	2.238	0.01813	-99.17
绝缘电阻测试（MΩ）	DM50C 电子式绝缘电阻表	部位相别	A	B	C	
		一次对地	50000	50000	50000	

通过上述 500kV 东×变电站 35kV 2-1 电容器组串联电抗器诊断性试验，根据 DL/T 393—2010《输变电设备状态检修试验规程》规定，C 相串联电抗器不合格，其余设备正常。另外电容器组的单只电容器电容量也满足规程要求，为出现异常。

（2）故障录波谐波计算分析。通过对 500kV 2 号主变压器低压侧的三相电压录波进行分析，三相电压都存在一定畸变，根据 GB/T 14549—1993《电能质量 公用电网谐波》的规定要求，对各电压等级的电网谐波电压（相电压）限值见表 1-7。

表 1-7 谐 波 电 压 限 值

电网标称电压（kV）	电压总谐波畸变率（%）	各次谐波电压含有率（%）	
		奇次	偶次
35	3	2.1	1.2
66	3	2.1	1.2
110	2	1.6	0.8

由 2 号主变压器低压侧相电压录波如图 1-17 所示，电压存在一定的畸变。

由于 500kV 2 号主变压器低压侧为三角形接线，通过对 2-1 号电容器组 C 相串联电抗器烧毁时 2 号主变压器低压侧录波分析，当时的母线线电压存在一定程度的畸变，但电压的幅值并未出现异常升高，说明融冰时的系统电压满足设备的运行条件。故障录波如图 1-18 所示。

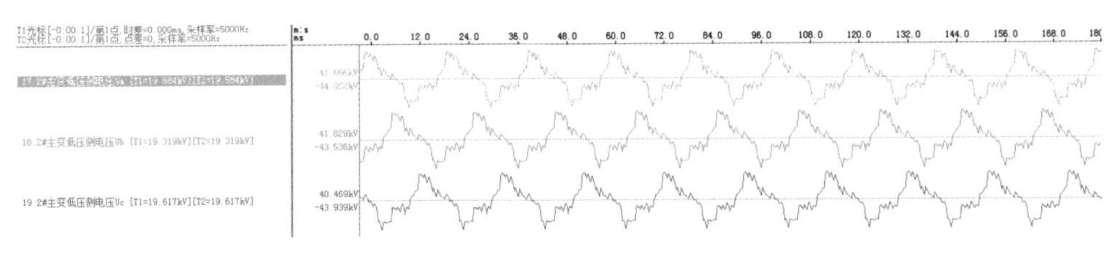

图 1－17 2 号主变压器低压侧相电压录波图

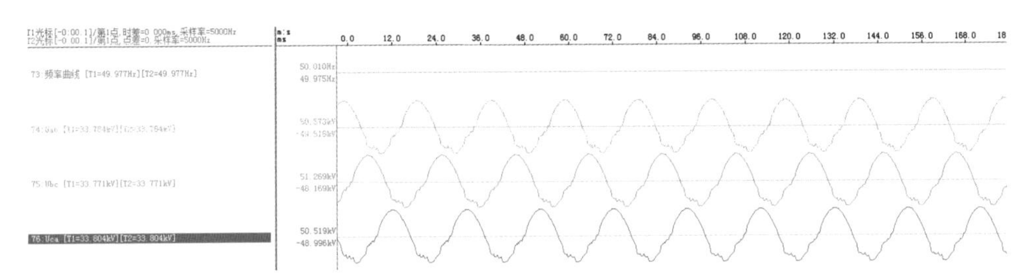

图 1－18 2 号主变压器低压侧线电压录波图

（3）故障录波及仿真分析。根据现场融冰要求，在进行对东×线（东×－南×站）进行正常融冰过程中 2 号主变压器低压侧的录波如图 1－19 所示。

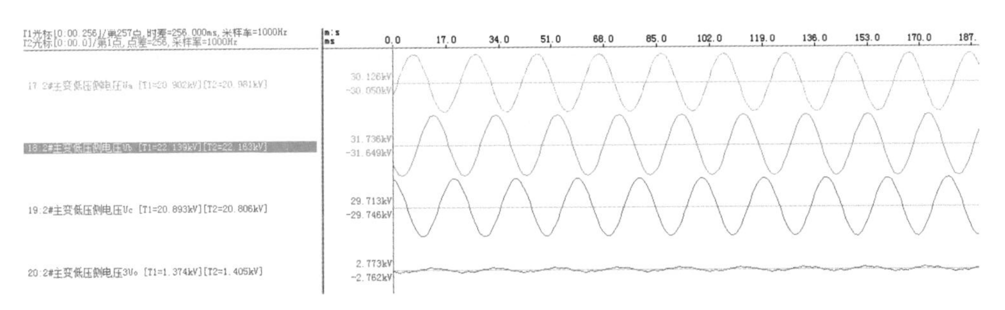

图 1－19 2 号主变压器低压侧非故障时相电压录波图

通过对比图 1－19 与图 1－17 非故障时及融冰故障时录波 2 号主变压器低压侧电压的比值，可知在串联电抗器烧毁的过程中，2 号主变压器低压侧的电压升高约为 1.3 倍（未出现电容烧毁的现象），未出现电压异常升高，同时结合故障后对整组补偿装置的电容进行试验未发现电容故障。

首先对融×线时的情况进行仿真分析，结果见表 1－8。

表 1－8 融×线融冰线路

融冰方式	融×线电阻（Ω）	触发角（°）	融冰电流（A）	直流电压平均值（kV）
一去两回	1.52	42.2	4000	18.9

根据现场情况得知，融×线时仅投入融冰装置自带的3、5、7、11次滤波器。表1－9给出了采用一去两回融冰方式下融×线的融冰线路参数以及当融冰电流达到4000A时触发角和直流电压平均值。由于35kV侧是三角形接法，而二次测量通过接地测量，而实际一次系统中，35kV不接地，因此需要将测得的35kV三相电压如图1－20所示换算成线电压进行分析，特此说明。图1－21则给出了500kV相电压、220kV相电压、35kV线电压及35kV电流，图1－22所示为直流侧电流、直流侧平均电压以及触发角的仿真波形。表1－10对主变压器三侧电压的总畸变率进行统计，可以看出，35、220、500kV电压总畸变率分别为2.15%、0.34%、0.05%，均满足国家标准要求。

因故障是在融×一线时出现，对东×一线融冰过程进行仿真分析，结果见表1－10。

表1－9　　融×线时主变压器三侧电压总畸变率统计

电网电压（kV）	电压总谐波畸变率（%）	国家标准要求值
35	2.15	3.0
220	0.34	2.0
500	0.05	2.0

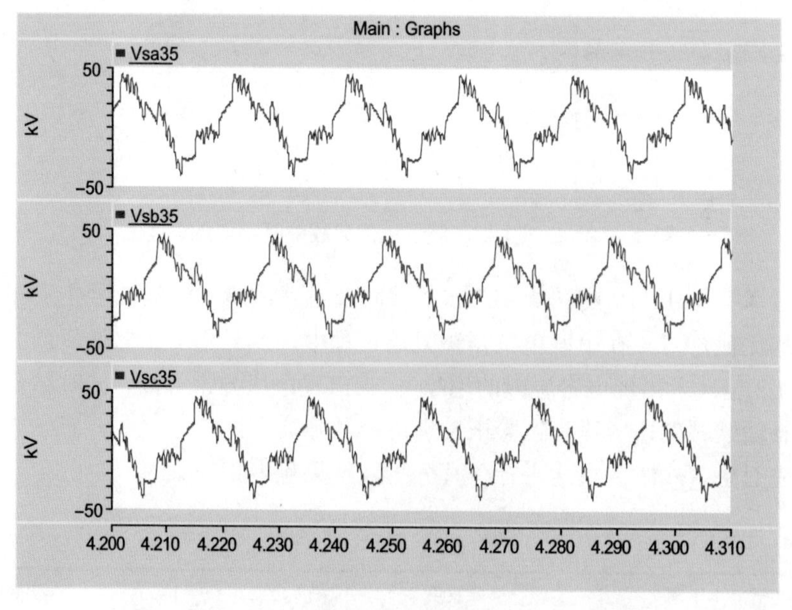

图1－20　35kV通过接地测得的三相电压仿真波形

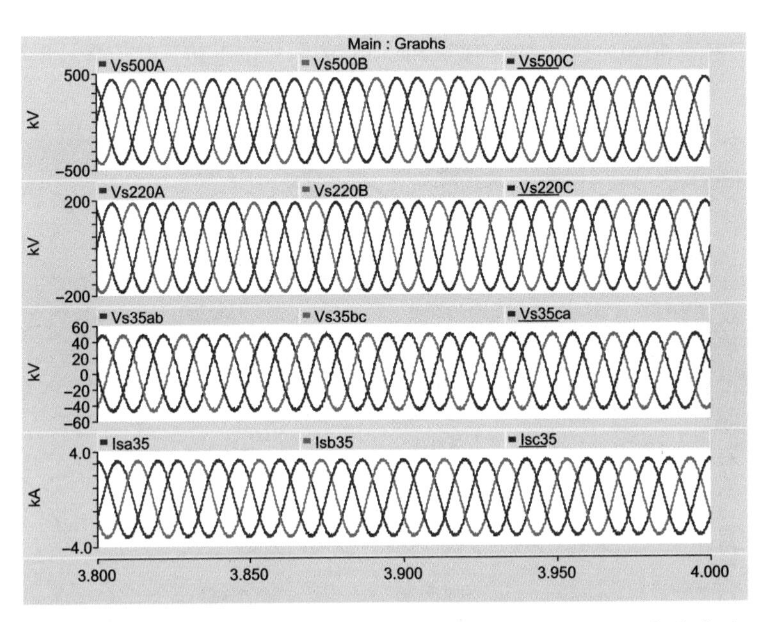

图 1-21 融冰电流为 4000A 时主变压器三侧电压和 35kV 电流波形

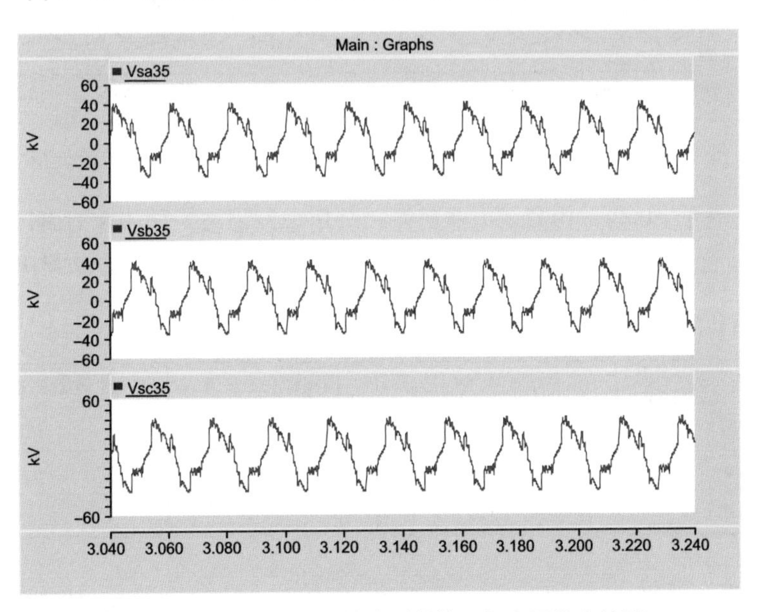

图 1-22 35kV 通过接地测得的三相电压仿真波形

表 1-10 东×一线融冰线路

融冰方式	天×线电阻（Ω）	南×线电阻（Ω）	合电阻（Ω）	融冰电流（A）	直流电压平均值（kV）
一去两回	1.52	6.37	7.89	4000	31.54

当融冰电流 4000A 投入两组电容器时 35kV 运行情况仿真，仿真波形如图 1－23 所示。

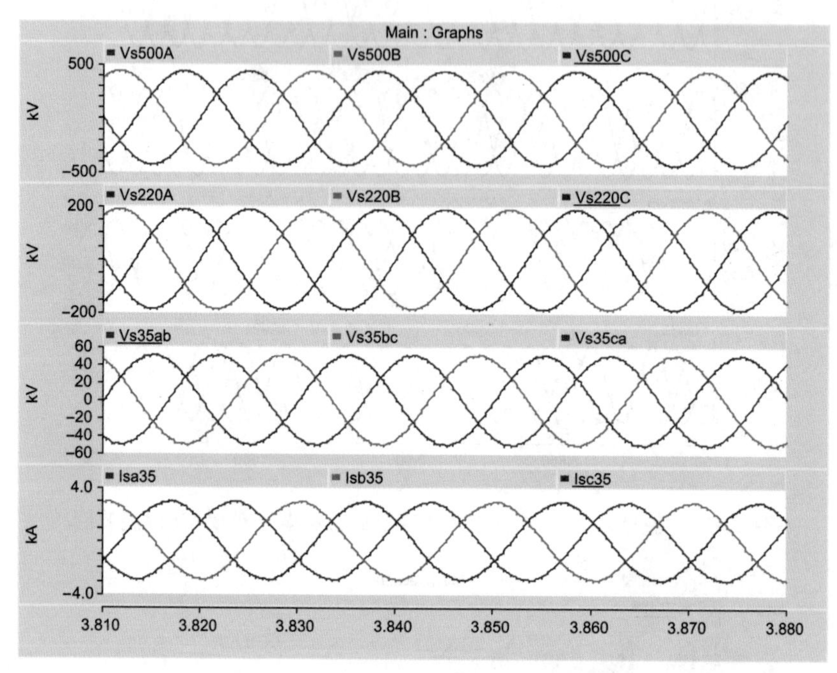

图 1－23　融冰电流为 4000A 时主变压器三侧电压和 35kV 电流波形

根据 GB/T 14549—1993《电能质量　公用电网谐波》的规定对融冰过程中的三次等谐波含量进行初步计算，电压的畸变率满足国家标准要求。结果见表 1－11。

表 1－11　　融×一线时主变压器三侧电压总畸变率统计

电网电压（kV）	电压总谐波畸变率（%）	国家标准要求值	是否满足国家标准要求
35	1.01	3.0	是
220	0.15	2.0	是
500	0.02	2.0	是

2. 结论与建议

针对上述分析，虽然在融冰过程中 35kV 2 号母线电压出现一定的畸变，但其电压幅值并未出现异常升高，排除因过电压造成 2－1 号电容器组 C 相串联电抗器烧毁的可能性，同时对比其他两项串抗的直流电阻值和电抗值，初步判断 2－1 号电容器组 C 相串联电抗器本身内部存在绝缘缺陷隐患为造成本次烧毁的原因。

建议在融冰过程中，当融冰电流达到额定值后，建议对无功补偿装置的串联电抗器加强红外检测，看是否在融冰过程中串联电抗器的温度存在异常。

建议加强对融冰装置的维护，结合年度例行试验对融冰装置的全部设备进行检修，及时发现设备缺陷，进行消除；对烧毁的干式空心电抗器进行更换。

500kV 变电站 1 号主变压器 C 相色谱异常分析

一、案例简介

2014 年 12 月 16 日，检修公司按例行试验周期对 500kV 某变电站 1 号主变压器取油样检测，发现 C 相乙炔含量 1.5μL/L（超过注意值），总烃含量 67.31μL/L，色谱数据异常。该变压器型号为 ODFS－334000/500，生产号为 100309C，出厂序号为 101153151。2011 年 2 月完成所有出厂试验，全部试验项目均一次试验合格。2011 年 8 月投入运行。

该变压器一直负荷较轻，无恶劣运行工况。随后连续取样对色谱数据进行复核，12 月 19 日变压器中部取样乙炔含量达 2.4μL/L，总烃达 114.76μL/L，下部取样数据与中部基本一致，CH_4、C_2H_4 及总烃增长明显，CO 及 CO_2 含量无显著变化。在确认色谱数据异常的同时，运维人员检查了油呼吸器、散热器、油位、油温，测试了铁芯及夹件接地电流，进行了红外成像检测，均未见异常。色谱数据初步分析为高温裸金属过热。经人孔检查，发现低压套管接线板与低压引线接线片有过热迹象，经处理后投入运行。

2015 年年初，该变压器在运行中再次发现色谱异常，且特征气体随低压侧负荷增加有显著上升趋势，根据三比值法判断为不涉及固体绝缘的中高温过热缺陷。现场对变压器进行了红外、超声、超高频等带电检测，未发现异常。随后对该变压器进行了第二次检修，整体更换 35kV 侧引线及套管。但该变压器在经过两次检修后，存在的缺陷仍未得到彻底解决，且油中气体成分与处理前反映的问题性质一致。

二、案例分析

1. 缺陷查找

为保障主变压器及电网的安全稳定运行，2016 年 7 月，按照省公司运检部工作安排，对缺陷主变压器进行返厂试验及解体检查。解体前进行了变比、直流电阻、绝缘电阻试验，试验结果未见异常，见表 1－12～表 1－14。

表 1-12　　电压比与出厂值比较的变化率（%）

开关位置	A/Am	Am/a	A/a
1	-0.06	+0.12	+0.16
2	0	+0.08	
3	+0.03	+0.06	
4	+0.06	+0.01	
5	+0.14	-0.01	

表 1-13　　直 流 电 阻 测 试 结 果

开关位置	高压绕组（Ω）		中压绕组（Ω）	低压绕组（Ω）
	A-X	A-Am	Am-X	a-x
1	0.15394	0.09835	0.05564	0.07887
2		0.10132	0.05266	
3		0.10432	0.04968	
4		0.10725	0.04676	
5		0.11030	0.0437	

表 1-14　　绝 缘 电 阻 测 试 结 果

绝缘电阻	R_{15}（Ω）	R_{60}（Ω）
高、中、低-地	13700	19400
高、中-地	12900	19500
低-地	31100	30300
铁芯-地	—	2300
夹件-地	—	2000

（1）吊罩及整体检查。确认油箱氮气压力正常，加速度记录仪最大值 1.8g，运输过程未见异常。拆除油箱上盖，吊出变压器器身。油箱内壁未见放电痕迹，磁屏蔽对地绝缘电阻未见异常；器身外观、高压引线及绝缘筒、分接开关及调压引线、中低压引线检查未见异常；器身上部绝缘未见异常，压钉无松动；铁芯表面未见异常，铁芯拉带绝缘正常；铁芯油隙及绝缘检查未见异常，如图 1-24 所示。

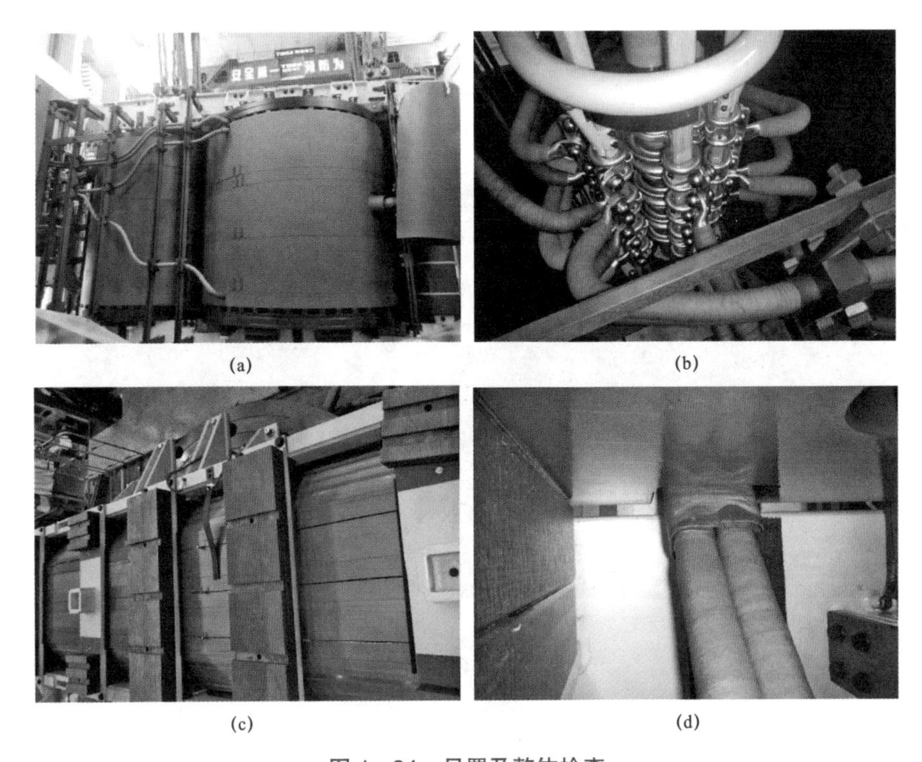

(a)　(b)　(c)　(d)

图 1-24　吊罩及整体检查

（a）器身整体外观；（b）分接开关；（c）低压引线；（d）铁芯表面

（2）拆除铁轭及铁芯检查。拆除线圈组外侧出线装置、引线、引线支架等，拆除上夹件及上铁轭，拆除上夹件紧固件，将上梁、夹件等，然后吊离器身，逐次拆除铁轭硅钢片。上夹件及夹件绝缘未见异常；铁芯上铁轭端面未见异常，铁芯上梁绝缘未见异常，铁芯上铁轭硅钢片未见异常，如图 1-25 所示。

(a)　(b)

图 1-25　上夹件及铁芯检查

（a）上夹件；（b）铁芯上铁轭端面

（3）线圈组拆分及检查。拆除线圈压板，逐次吊出各侧绕组线圈。器身上部压板、端圈、角环、静电屏未见异常；绕组围屏、隔板完整，未见异常；高压、中压、低压绕组目测外部未见变形、放电痕迹，如图 1－26 所示。

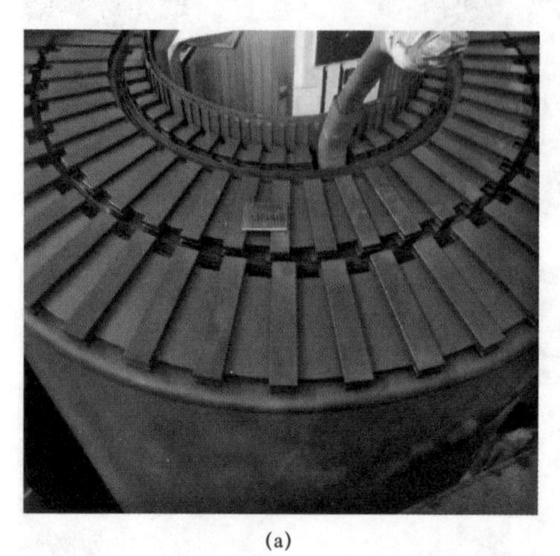

(a)

(b)

图 1－26　绕组拆分及检查

（a）绕组端圈；（b）低压绕组

（4）低压绕组检查。低压绕组采用螺旋式，四根自黏性换位导线并绕。用万用表测量导线间的电阻，发现导线①与导线③之间电阻为 0，存在短路点，如图 1－27 所示。进行导通点两侧导体电阻分析，计算其短路点在绕组从上往下 13

(a)

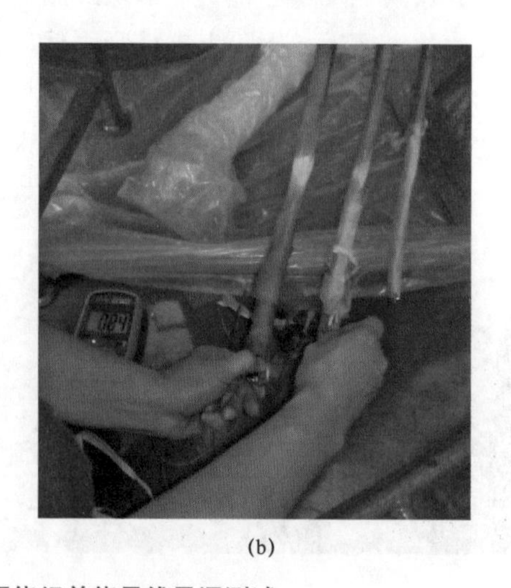

(b)

图 1－27　低压绕组并绕导线导通测试

（a）低压绕组并绕导线；（b）低压绕组并绕导线导通测试

匝的位置。经检查发现在绕组上部往下第 13 匝出头往右第 6～10 挡有碳黑现象，第 8 挡内、外导线间绝缘磨破露铜，如图 1－28 所示。

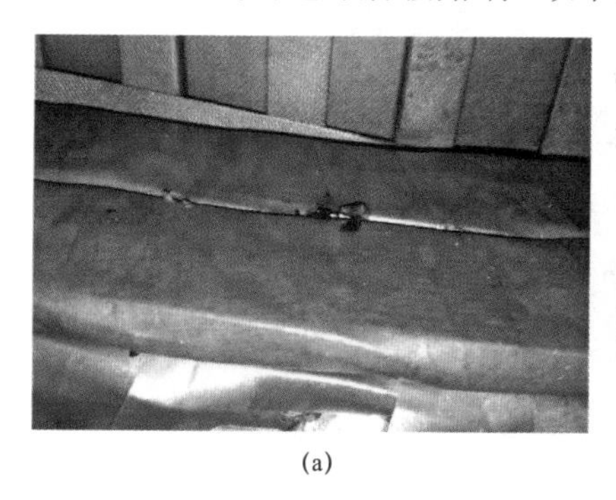

(a)

(b)

图 1－28 绕组内短路点

（a）绕组内短路点表面；（b）绕组剥开后短路点

2. 结论与建议

当导线存在毛刺或在制造环节发生损伤时，在变压器运行电磁力的作用下，并绕导线发生振动与摩擦，造成绝缘破损，随着运行时间的增加，当内外并绕的绕组导体形成异常短路时，由于穿过两根导体绕组的漏磁存在差异，将通过短路点形成环流，当低压侧负荷增加时，漏磁差异更加显著，短路点也将流过更大环流，从而导致短路点异常发热。

建议变压器制造企业及其原材料、组部件供应商加强质量管理和工艺控制，针对缺陷提出有针对性的改进措施，强化关键工序质量控制，确保电力设备质量和电网安全。

500kV 变电站变压器出厂试验见证

一、案例简介

2016 年 3 月 18 日，设备状态评价中心技术人员前往某变压器厂对 500kV 某变电站变压器（见图 1－29）的出厂试验进行见证。该变压器为现场组装式 1000MVA 三相三绕组自耦电力变压器。常规试验中，绕组直流电阻、变比及联结组别、绝缘电阻、本体及套管的介质损耗、电容量、空载损耗及空载电流均符合技术协议要求。而后进行冲击试验前的感应耐压带局部放电试验。试验过程中，A 相高压侧局部放电量超过 1000pC，不符合技术协议要求。

图 1－29　500kV 变电站变压器出厂试验

二、案例分析

1. 缺陷查找

采用 200Hz 单相电源，通过感应耐压分相试验，在高压侧、中压侧、低压侧、中性点及铁芯处分别进行放电量测量（试验结果见表 1－15）。对 A 相进行试验，当升压至 $0.6U_{\mathrm{m}}/\sqrt{3}$，190kV 时，放电脉冲开始出现，相位分布比较稳定，高压侧放电量约为 400pC，中低压侧及铁芯测得的放电量约为 100～250pC。继续升压至 $1.0U_{\mathrm{m}}/\sqrt{3}$，317kV，放电量增大，放电相位扩展。因局部放电仪采用内同步，4 个周期的放电脉冲如图 1－30 所示。耐压 1h 后，放电量略有降低。再次试验，放电脉冲依然存在，确认无外部干扰后，判定该变压器内部存在缺陷。

表 1－15　　　　A 相局部放电量

位置	高压侧	中压侧	低压侧	中性点	铁芯
放电量（pC）	1086	546	475	643	260

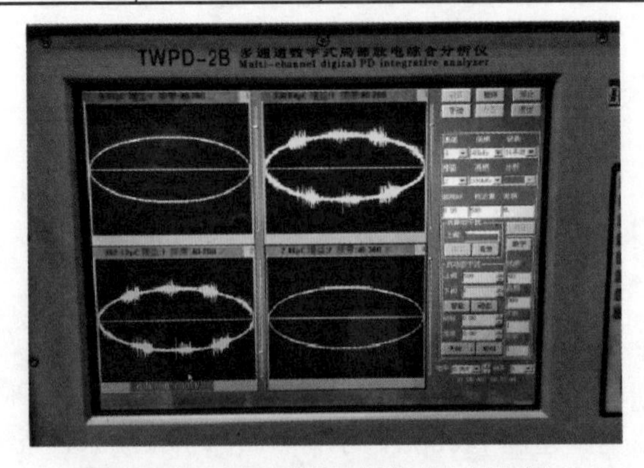

图 1－30　中低压侧放电脉冲（内同步）

2. 缺陷处理

因放电脉冲存在明显的极性效应，初步判定缺陷为电晕放电。根据传递比大致确定放电点靠近 A 相高压侧。而后通过声电联合定位（见图 1－31），在 A 相高压侧升高座附近进行超声信号采集。改变传感器位置，确认一处超声传感器的脉冲时延最短，约为 420μs。超声波在变压器油中传播速度约为 1400m/s，初步将缺陷定位于 A 相高压侧出线箱壁内 60cm 处。查阅相关图纸，该位置为 A 相调压绕组引线，靠近 A 相高压绕组外部围屏。

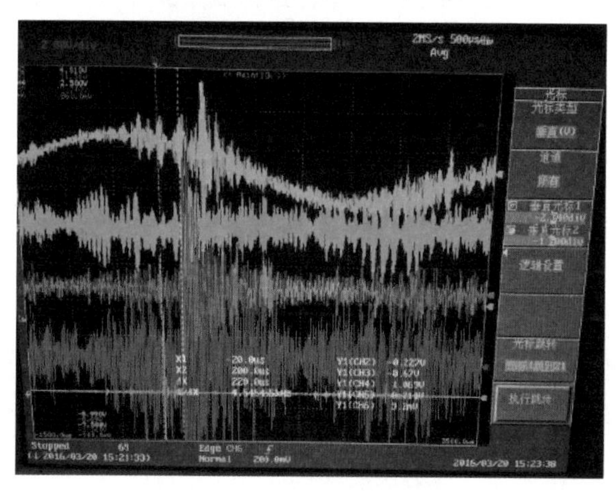

图 1－31 声电联合定位

厂家立即对该变压器进行放油，由 A 相升高座人孔进入进行检查。在 A 相高压侧出线、调压绕组引线表面未发现明显放电点。拆除调压引线上的绝缘支撑件后，在绝缘螺杆的螺纹上发现了黑色杂质颗粒，认为黑色杂质导致了放电的发生。然后厂家对 A 相调压引线上的 5 个绝缘支撑件进行了更换，并重新真空注油，静置后再次进行出厂试验。该变压器所有常规试验结果正常，均符合技术协议要求，并成功通过冲击前局部放电试验，雷电、操作冲击试验，冲击后局部放电试验，在背景噪声为 20pC 的环境下，A 相高压侧未出现局部放电脉冲，缺陷得到消除。

3. 结论与建议

出厂试验见证，所有试验项目的结果应符合技术协议要求。局部放电量标准应该按照《国家电网公司十八项电网重大反事故措施》第 9.2.1.2 条执行。出厂局部放电试验测量电压为$1.5U_m/\sqrt{3}$时，220kV 及以上变压器高、中压端的局部放电量不大于 100pC，110（66）kV 变压器高压侧的局部放电量不大于 100pC。330kV 及以上电压等级强迫油循环变压器应在油泵全部开启时（除备用油泵）进行局部放电量测量。

变压器在制造的过程中，由于工艺的差异可能会导致内部存在放电缺陷，该类缺陷应在出厂试验的环节进行检查消除。局部放电试验是发现放电缺陷最有效的检测手段，最容易发现在产品制造过程中存在的工艺缺陷。所以在出厂试验见证的环节对局部放电试验一定要加强监督，杜绝不合格产品出厂。

500kV 变压器运输冲撞导致绕组及铁芯移位

一、案例简介

2012 年 3 月，施工人员在对某 500kV 变电站变压器进行设备到货验收时，发现三维冲撞记录仪冲撞记录超标。该变压器为分体式变压器，型号为 ODPFS－334000/500，其三相均遭受较严重冲击，记录如下：A 相 4.5G，B 相 5G，C 相 3.5G。要求厂家现场吊罩检查，发现脱钩槽垫块脱出、部分引线支架咬合不好、引线绝缘纸破损、绕组部分垫块存在较大幅度位移。由于位移变形较为严重，无法现场修复，采取返厂修复，修复后按照交接验收规程进行试验，合格后投入运行。

二、案例分析

1. 缺陷查找

技术监督人员会同工程监理和业主单位，对该分体式主变压器现场吊罩工作进行监督，发现三台变压器均存在不同程度的异常现象，具体情况如图 1－32 所示。

(a)

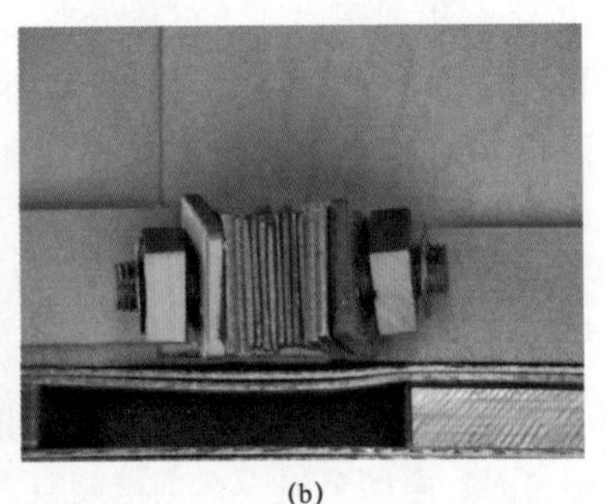

(b)

图 1－32　吊罩检查（一）

（a）有载围屏绑扎有脱落现象；（b）绕组围屏固定木螺栓松动变形

(c) (d)

(e) (f)

图 1－32 吊罩检查（二）

（c）铁芯绑扎有移位现象；（d）夹件固定有移位现象；（e）绕组底部垫块位移；
（f）C 相绕组部分垫块存在位移

2. 缺陷处理

通过吊罩发现的问题，判定该变压器不具备投运条件，且现场吊罩尚未解开绕组围屏，不能判断绕组内部情况。另外，现场检修条件有限，为保证整改工作的工艺质量，故将该变压器返厂检修，返厂检修后设备恢复正常。

3. 结论与建议

变压器厂家在现场检查时，提出人孔进人检查的方案，并以频响法绕组变形试验、低电压短路阻抗试验、电容量测试来判断变压器绕组是否存在变形，并以交接高压试验项目来判断变压器绝缘是否受损，能否投运。厂家人员进入内部检查后，给出内部无位移、变形、绝缘脱落的结论。技术监督单位不认可该检查结论，提出必须现场吊罩的检查要求，最后吊罩的结果表明变压器在冲撞后出现严重变形，必须返厂处理方能投运。

变压器在运输和就位过程中，必须严格执行 GB 50148—2010《电气装置安装工程 电力变压器、油浸电抗器、互感器施工及验收规范》第 4.5.7 条的规定，安装前应检查三维冲撞记录仪的记录结果，一旦出现冲撞记录值超过规程要求的情况，应立即进行内部松动情况检查，发现问题及时处理，情况严重应返厂检修。

500kV 变压器套管油中溶解气体异常增长

一、案例简介

2016 年和 2017 年多座换流站多支在运行的 GOE1675 型 500kV 变压器套管油中溶解气体出现异常。氢气、甲烷、乙炔等油中溶解气体含量超过 DL/T 722—2014《变压器油中溶解气体分析和判断导则》规定的注意值，见表 1－16。

表 1－16　　2016 年和 2017 年解体的 GOE1675 型套管试验数据

序号	套管编号	H_2	CH_4	C_2H_4	C_2H_6	C_2H_2	总烃	CO	CO_2	介质损耗	电容/偏差	局部放电量
1	××站 1 号 1ZSCT14003319/01	5.99	4.80	0.53	0.81	0.15	6.29	226.81	434.81	0.37%	488/0.7%	＜5pC
2	××站 2 号 1ZSCT14003288/01	4.38	3.56	0.33	0.59	0.24	4.72	241.93	401.87	0.35%	461/0.3%	＜5 pC
3	××站 1ZS C342582	12.05	9.30	1.01	0.34	0.20	10.85	689.13	563.06	0.35%	511.2/0.8%	＜5 pC
4	××站 2 号 1ZSCT14005163/01	4.54	1.78	0.19	0.17	0.31	2.45	87.16	85.31	0.31%	459/0.6%	＜5 pC
5	××站 1 号 1ZSCT14001795/01	12820	577	5.4	905	3.1	1490.5	308	538	0.63%	461/0.3%	190pC/300kV，X 蜡
6	××站 2 号 1ZSCT14001813/01	12256	899	6.5	754	3.3	1662.8	157	427	0.51%	462/0.4%	未进行高压试验，X 蜡
7	××站 3 号 1ZSCT14001811/01	9.4	8.6	2.2	1.4	1.82	14.02	550	715	0.34%	497/0%	＜5 pC
8	××站 1ZS CT14001799	34	8.6	6	7	7.2	28.8	272	618	0.32%	458/0%	＜5 pC
9	××站 1 号 1ZSCT14005113/01	6.7	3.93	2.52	0.34	4.07	10.5	34	106	0.32%	465/0.3%	9 pC

根据特征气体成分、浓度的不同，大致可将缺陷套管分为三类。

（1）2016 年该换流站年度检修中发现，5、6 号套管介质损耗分别为 0.63%、0.51%，未达到 Q/GDW 1168—2013《输变电设备状态检修试验规程》规定的 0.7%

的注意值，但增长率接近 50%。为确认套管状态，进行套管油中溶解气体分析，发现氢气、甲烷、乙炔严重超过注意值。

（2）7～9 号套管介质损耗、电容量测试未见异常，但油中乙炔含量超标。

（3）1～4 号套管介质损耗、电容量测试未见异常，但油中均含有 0.25μL/L 的微量乙炔。

二、案例分析

1. 缺陷查找

（1）5 号和 6 号套管。返厂后对 5 号和 6 号套管进行试验，常规试验结果与现场测试一致。随后对 5 号套管进行局部放电试验，290kV 时开始出现放电，300kV 时局部放电量达到 190pC。在正常运行电压 306kV 下，有持续的局部放电产生。

解体时，逐层拨开绝缘纸，在最靠近导流杆的绝缘层上发现大量局部放电产生的 X 蜡，并且能看见黑色的点状放电痕迹，如图 1－33 所示。

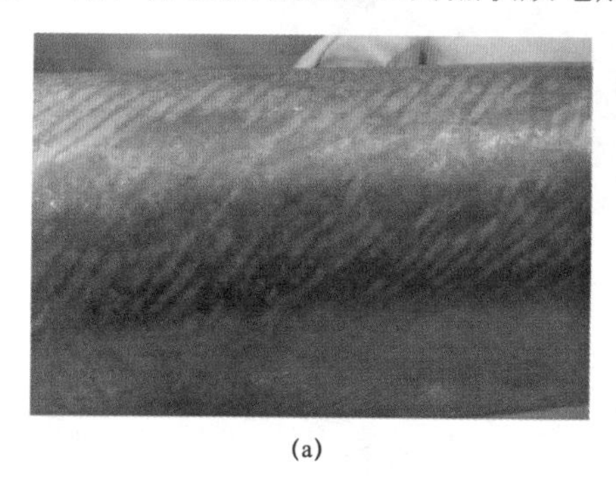

(a)

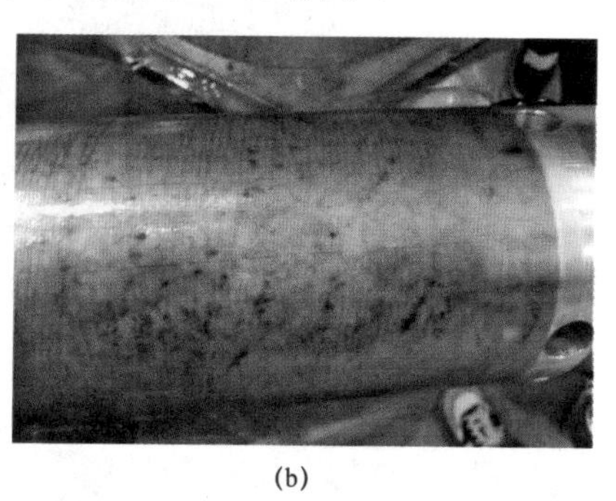

(b)

图 1－33 导电杆处绝缘纸放电痕迹

（a）导电杆上的 X 蜡；（b）导电杆上的放电痕迹

（2）7～9 号套管。7～9 号套管局部放电量均在 10pC 以下，满足标准要求。但解体后在套管下瓷套内壁发现了明显的爬电痕迹，放电痕迹几乎贯穿下瓷套，如图 1－34 所示。而后在法兰处电容屏层间的绝缘纸发现多处明显放电痕迹，并形成了明显的沿面爬电痕迹，如图 1－35 所示。

（3）1 号和 3 号套管。1 号套管局部放电试验未见异常，638kV 下，放电量仅为 8pC；高压介质损耗均为 0.37%。逐层划开电容芯体检查，在第 9 层和第 10 层油侧端屏附近发现两处直径约 1cm 的黑色放电痕迹，并且在油侧、空气侧端屏附近绝缘层还发现多处微小放电痕迹，涉及多层绝缘纸，如图 1－36 所示。3 号套管与 1 号套管情况完全一致。

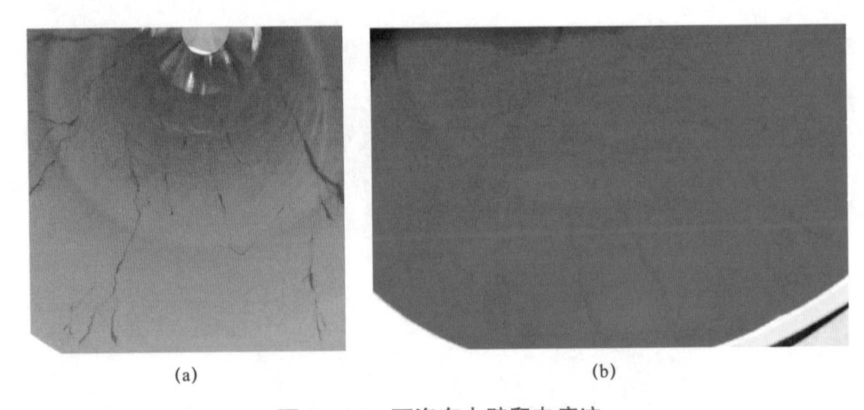

图 1－34　下瓷套内壁爬电痕迹

（a）下瓷套内壁爬电痕迹 1；（b）下瓷套内壁爬电痕迹 2

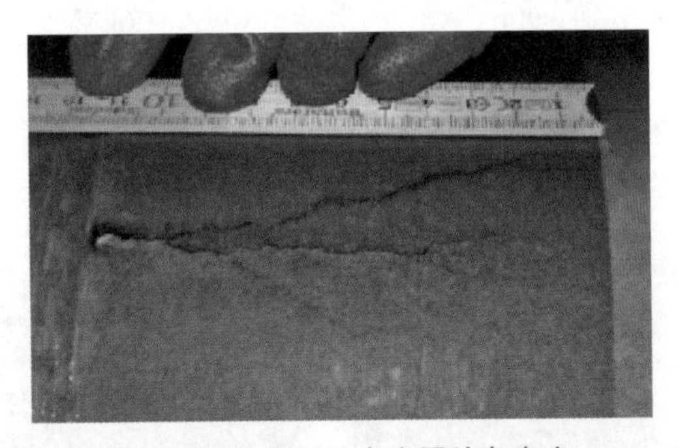

图 1－35　法兰处电容屏放电痕迹

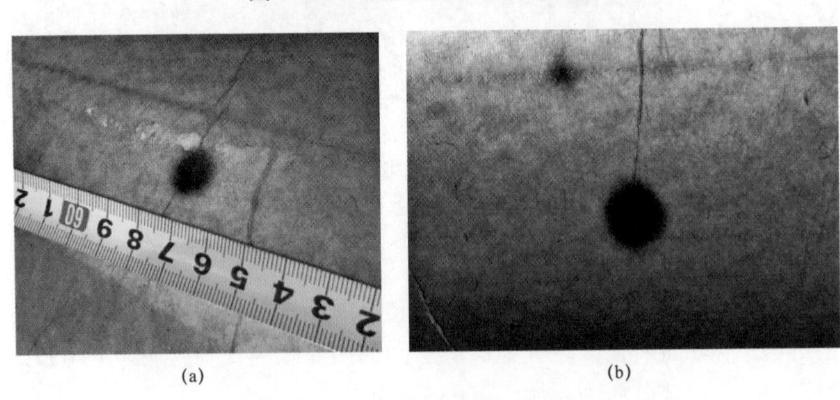

图 1－36　油侧、气侧端屏处放电痕迹

（a）油侧端屏处放电痕迹；（b）气侧端屏处放电痕迹

（4）2 号和 4 号套管。2 号套管高压介质损耗、局部放电试验均未见异常。解体检查，发现套管末屏引出线弯曲形成圆圈状，电容芯体安装存在偏差，芯体与一侧法兰有轻微接触。在末屏与法兰间的绝缘层发现黑色放电痕迹，放电痕迹与法兰压痕完全吻合，放电向内贯穿至第 9 层绝缘纸，如图 1－37 所示。继续解剖，未发现其他放电痕迹。4 号××变电站套管与 2 号完全相同，如图 1－38 所示。

(a)

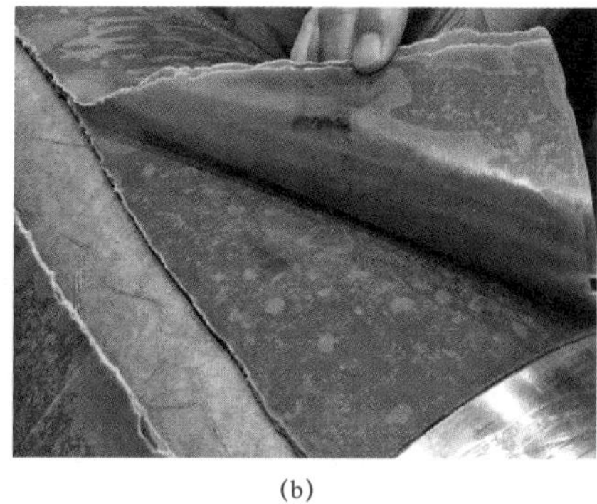
(b)

图 1－37 2 号套管解体情况

（a）末屏引线；（b）末屏放电痕迹

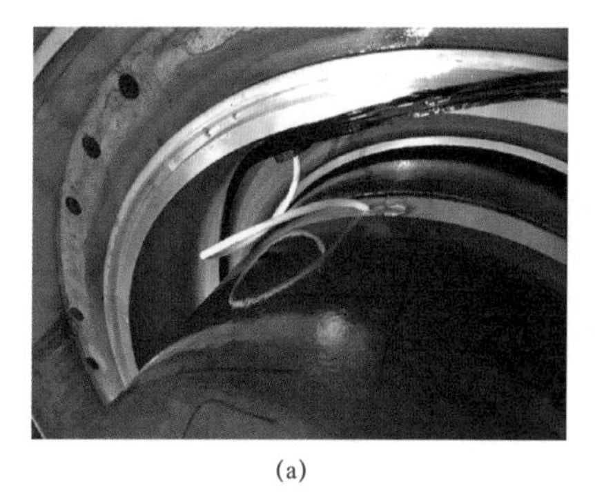
(a)

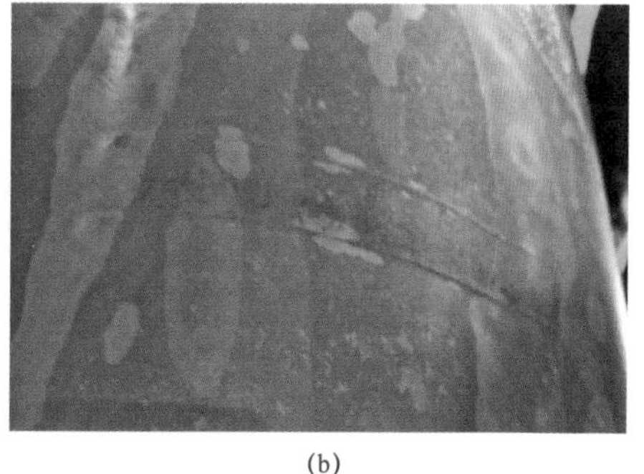
(b)

图 1－38 4 号套管解体情况

（a）末屏引线；（b）末屏放电痕迹

2. 缺陷原因

根据返厂试验解体情况，可以将套管缺陷类型分为三类。

（1）5 号和 6 号套管。5 号和 6 号套管油中溶解气体严重超标，且套管内压力较大。现场取出的油，由于压力瞬间减小，油中出现大量气体溢出的白色泡沫。两支套管气体三比值法编码均为 110，对应故障类型为电弧放电。解体时，在最靠近导流杆的绝缘层上发现大量局部放电产生的 X 蜡。在运行电压下，套管内出现局部放电，是导致油中溶解气体增长、介质损耗增长的直接原因。

因与导杆相连的前几层绝缘纸是由人工搭接而成，并不是由机器缠绕。工艺上的随机偏差可能导致靠近导体的绝缘纸间存在油隙。夏季换流变压器负荷较高时，套管内部导体温度升高，导致靠近导体的绝缘纸层间油隙膨胀，温度场梯度由套管导电杆径向向外，并由于高温时绝缘油黏度降低，油隙中的油向外渗透。当负荷减低或变压器停电时，温度降低可能导致内层绝缘纸因油缺乏和收缩形成永久气隙。由于气隙形成，导致套管在运行电压下出现局部放电。

（2）1、3、7～9 号套管。1、3、7～9 号套管介质损耗、电容量未见异常，但7～9 号套管油中乙炔含量超标，1、3 号套管存在微量乙炔。解体发现，7～9 号套管下瓷套内壁有明显、大量爬电痕迹；法兰处端屏层间的绝缘纸也存在多处明显放电痕迹。1、3 号套管仅在法兰处绝缘纸层间发现圆状放电痕迹。

五支套管局部放电试验均符合标准要求，推测下瓷套内部釉面的杂质、气隙，绝缘纸层间的局部缺陷在过电压的作用下，因电场强度较大产生了放电，运行电压下无局部放电产生。

（3）2 号和 4 号套管。运行电压下，末屏与法兰间等电位，电场强度为零，理论上不应出现放电痕迹。但比较发现，2 号和 4 号套管的末屏引出线较长，呈圆圈状。估算具有约 0.1μH 的电感，$L \approx uu_0 N^2 S / L = 0.1\mu H$，在过电压作用下，末屏与法兰间会存在一定的电压。末屏引出线电压原理如图 1－39 所示。

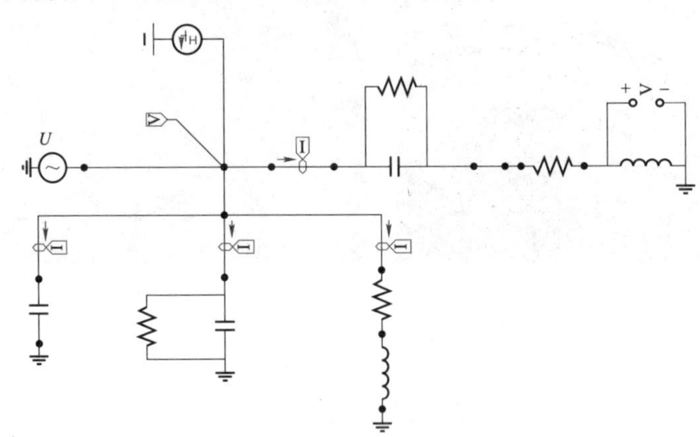

图 1－39 末屏引出线过电压原理图

仿真结果表明，在峰值 500kV 的标准雷电过电压作用下，末屏引出线两端电压峰值为 4.9kV，如图 1－40 所示；考虑雷电侵入波波头衰减，波前时间 1.6μs 时，过电压峰值为 2.1kV。而峰值 800kV 的标准操作过电压作用下，末屏过电压峰值仅为 58mV。雷电过电压作用下，末屏引出线上的过电压畸变电场，在受法兰挤压的绝缘薄弱处出现放电，致使微量乙炔的产生。

3. 结论与建议

（1）结论。

1）5 号和 6 号套管绝缘纸与导电杆间黏结存在工艺偏差，导致运行后出现

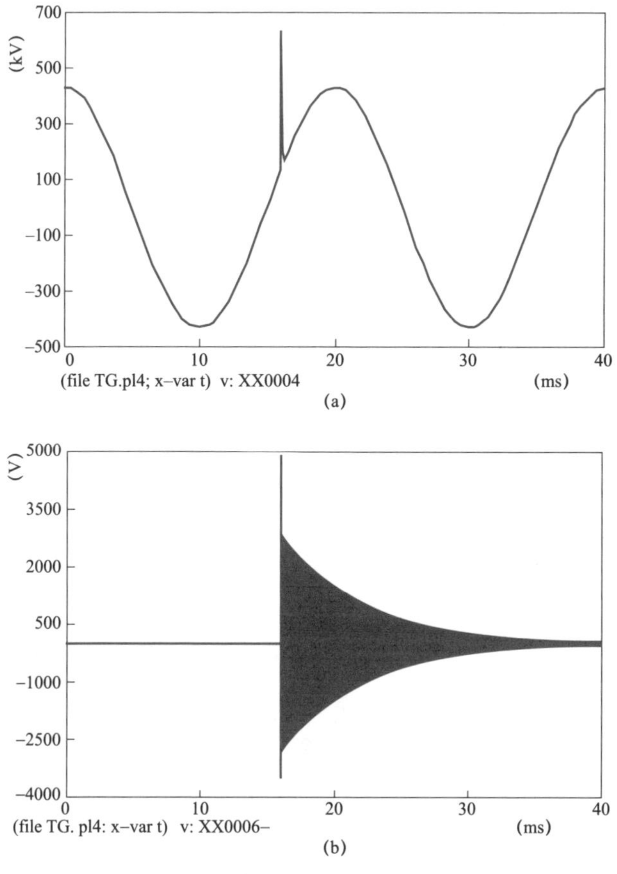

图 1-40 末屏引线过电压仿真结果

（a）雷电过电压；（b）末屏引线过电压

局部放电缺陷，致使套管油中溶解气体含量大幅增长。

2）1、3、7～9 号套管在运行电压下无局部放电产生，可能是由于过电压作用，导致电场强度较为集中的下瓷套内壁，及法兰处绝缘纸层间出现了放电。

3）2 号和 4 号套管圆圈状末屏引出线具有微小电感，在雷电过电压作用下，引出线上出现过电压，导致受挤压的绝缘纸出现放电。

（2）建议。

1）试验单位应重点关注套管介质损耗的增长率，对介质损耗值未超过标准要求，但增长率较大的套管应提高警惕，必要时可以通过油化试验，判断套管绝缘状态。

2）生产厂家应合理控制套管末屏引出线长度，避免出现圆圈状的引出线。

3）针对换流变压器网侧套管仅出现微量乙炔特征气体的现象，建议：当 $0.1\mu L/L < C_2H_2 \leqslant 1\mu L/L$，且年增长率不超过 $0.3\mu L/L$ 时，不需要对套管进行更换。

220kV 变压器安装工艺不良导致夹件引线螺栓松动现象

一、案例简介

2016 年 6 月，某供电公司试验人员在对 220kV 某变电站 2 号主变压器开展首检工作时，发现 B 相夹件对铁芯及地绝缘电阻为无穷大，且无吸收现象，C 相铁芯对夹件及地绝缘电阻接近为零，其余试验项目均合格，怀疑该主变压器 B 相夹件引线松动或脱落、C 相铁芯多点接地。打开人孔进入内部检查发现 B 相夹件内部引线紧固螺栓松动，C 相铁芯和夹件内部引线装反，C 相夹件底部存在杂质。对两处问题处理后，夹件和铁芯绝缘电阻均恢复正常。

该主变压器型号为 SSZ11－H－180000/220，出厂日期为 2013 年 10 月，投运日期为 2014 年 12 月 12 日。

二、案例分析

1. 缺陷查找

为确保数据正确性，对 B、C 相进行了反复测量，结果无明显变化。现场测试数据见表 1－17。

表 1－17　　现场测试数据

试验项目	试验数据			
铁芯、夹件绝缘电阻（MΩ）	相别	A	B	C
	铁芯对夹件及地	1870	2380	0.06
	夹件对铁芯及地	1140	∞	1890
	铁芯对夹件	2340	62800	1740
	夹件对铁芯	1760	∞	2380
	上层油温：37℃环境温度：31℃湿度：28%			
主变压器 C 相铁芯对夹件及地绝缘电阻复测	绝缘电阻表电压挡位	实际输出电压	R_{15s}（MΩ）	R_{60s}（MΩ）
	500V	348	0.19	0.19
	1000V	619	0.07	0.07
	2500V	417	0.05	0.04

续表

试验项目	试 验 数 据			
主变压器铁芯、夹件电容量测量（nF）	相别	铁芯对夹件	夹件对地	铁芯对地
	A	43.71	23.70	16.70
	B	0.57	0.58	17.10
	C	43.44	18.55	28.49

查阅出厂及交接试验报告均无异常，试验人员对铁芯及夹件接地引下线检查，未发现异常，根据试验结果初步判断：

（1）B 相夹件未接地，夹件小瓷套与夹件间连接导线连接不良或脱落；

（2）C 相铁芯除小瓷套外，还存在其他非金属性完全接地现象，但该接地不在铁芯和夹件之间，而是在铁芯和外壳之间。

2. 缺陷处理

检修人员打开 B 相人孔进入内部检查发现夹件接地引线连接处螺栓松动，如图 1－41 所示。

检修人员打开 C 相人孔，进入内部检查发现该产品安装时把铁芯引线与夹件引线装反（见图 1－42），导致试验人员对测试结果造成了误判。检修人员将引线调换，再次测量夹件绝缘电阻在 0.76MΩ。对下节油箱进行检查时发现底部有少量的杂质（见图 1－43）。

图 1－41 B 相夹件引线紧固螺栓松动

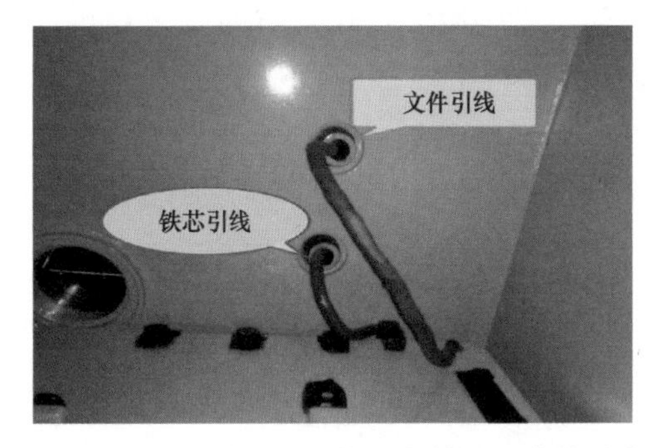

图 1－42 调整正确后的 C 相铁芯和夹件引线

图 1－43 C 相油箱底部有杂质

检修人员将油箱内部的油全部抽出，用高压清洁油对铁芯、夹件及主变压器底部进行全面冲洗，清洗主变压器内部杂质。多次冲洗后，夹件绝缘电阻恢复至700MΩ左右。随后真空注油，热油循环，静止足够时间后复测C相夹件绝缘电阻恢复正常，随后对主变压器进行了全面的性能检测试验，各项试验数据合格后投入运行。

3. 结论与建议

加强主变压器安装工艺控制，严把质量关口，落实各级人员验收责任，防止设备带病运行。

认真开展交接试验，提高对数据异常现象敏感度，全面开展诊断分析并及时处理，保证设备安全运行。

220kV 变电站 1 号变压器试验中发现异常及处理情况

一、案例简介

220kV 变电站 1 号主变压器（型号为 SFSZ9－H－150000/220，容量为150MVA，有载开关型号为 MⅢ500Y－123/C－10，组合变压器），自 2008 年1 月投入运行以来基本正常，2009 年 1 月 21 日主变压器本体油化跟踪试验，通过对 A、B、C 三相的油色谱分析，发现总烃增长迅速并超过规程警戒值（见表 1－18），判断变压器内部存在高温过热的缺陷。鉴于出现的新情况，立即作出安排：每周安排一次油色谱跟踪，密切注意数据的变化直至主变压器停电首检为止；安排 2 月 14 日和 15 日，对主变压器进行投运后的首次预试，并根据试验数据对油色谱数据异常，进行综合分析；加强运行监视，出现异常及时处理。

2 月 14 日，对主变压器进行了首检，主变压器试验中发现：高压侧直流电阻试验出现异常，表现为 C 相直流电阻在分接开关 1～9 挡（绕组极性为正极性）出现偏大，相间直流电阻不平衡率超标。初步分析为有载分接开关极性开关接触不良导致发热。绕组直流电阻测试数据见表 1－19。

表 1－18　　220kV 某变电站 1 号主变压器本体 C 相油色谱数据

受检单位	220kV 某变电站	设备名称		1 号主变压器本体 C 相			试验标准		GB/T 7252—2001*	
大气压强（kPa）	98	测试温度（℃）		15			测试人员		××	
历史数据比较	测试日期	油中溶解气体组分含量（μL/L）								备注
		CH_4	C_2H_4	C_2H_6	C_2H_2	H_2	CO	CO_2	总烃	
本次测试数据	2009 年 1 月 21 日	69.7	120.1	19.4	0.9	52.8	215.4	645.5	210.2	以后每周跟踪一次
前 3 次试验数据	2008 年 7 月 21 日	1.5	0.9	0.4	0.8	4.1	83.8	507.4	3.6	
	2008 年 6 月 15 日	2.6	1.4	0.8	1.4	13.3	137.7	855.5	6.2	
	2008 年 2 月 29 日	0.3	0.8	0.3	1.2	4.5	39.1	291.9	2.5	

注　总烃超过 150μL/L 的标准且产气速率过快。三比值编码为 022，设备可能存在高温过热（高于 700℃）故障。

* 已废止。废止公告：国家标准公告 2017 年第 31 号。

表 1－19　　绕组直流电阻测试数据

	挡位	试验日期：2009 年 2 月 14 日（故障检查）		油温：26℃（mΩ）	
		A－O	B－O	C－O	不平衡率（%）
高压绕组	1	448.5	450.7	469.2	4.538
	2	441.5	443.8	459.9	4.10
	3	437.7	435.9	452.1	3.665
	4	426.7	428.9	445.1	4.243
	5	419.7	422.0	438.1	4.313
	6	412.8	415.1	431.2	4.384
	7	405.1	407.3	423.4	4.44
	8	398.1	400.4	416.6	4.567
	9	389.5	392.6	388.1	1.15
	10	389.5	392.6	388.1	1.15
	11	389.5	392.6	388.1	1.15
	12	398.2	400.3	396.7	0.9
	13	405.8	407.9	404.4	0.86
	14	412.8	414.9	411.4	0.847
	15	419.8	421.9	418.4	0.833
	16	426.7	428.9	425.4	0.819
	17	434.5	436.6	433.2	0.782
	18	441.5	443.7	440.2	0.792
	19	448.4	450.7	447.3	0.758

二、案例分析

1. 缺陷查找

2009 年 2 月 19 日，主变压器停电放油，打开变压器的人孔盖，进入变压器本体检查有载分接开关的引线接头，发现 C 相绕组的正极性公共引线（硬铜棒）有松动，并且连接螺栓和垫片有严重发热和烧伤痕迹，如图 1－44 所示，判断正是螺栓松动造成油色谱总烃超标和高压试验直流电阻 C 相超标的直接原因。经分接开关厂家技术人员检查是因为变压器生产厂家在安装时螺栓垫片安装方向发生错误，导致在运行中因变压器振动而逐渐出现松动，再次对 A、B、C 三相本体进行了全面检查未发现异常。

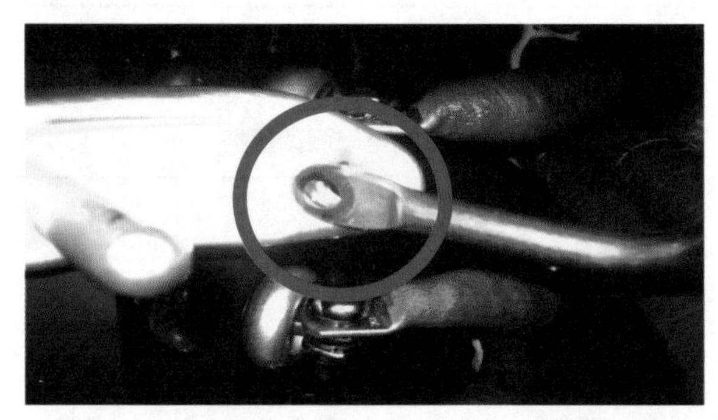

图 1－44　螺栓松动、垫片安装不符合工艺要求造成油色谱总烃超标

2. 缺陷处理

对出现松动的螺丝及附件进行表面处理并紧固，如图 1－45 所示，并对其余的螺丝进行了检查，变压器密封后试验数据全部合格。目前该主变压器已经投运，投运后，按照变压器大修后的要求对色谱进行跟踪监测。

图 1－45　修复后

3. 结论与建议

（1）设备由于制造环节造成的缺陷大都会在运行 1～2 年的时间内暴露，应严格按照 Q/GDW 1168—2013《输变电设备状态检修试验规程》第 4.2.2 的要求，110（66）kV 及以上新投设备投运满 1～2 年，以及停运 6 个月以上重新投运前的设备，应进行例行试验，一个月内开展带电检测。

（2）应加强设备驻厂监造环节的监督，主要附件的安装应严格按照附件厂家的安装工艺进行安装。

220kV 变电站 1 号变压器绕组变形分析

一、案例简介

按照某省电力公司 2015 年继续开展变压器抗短路能力核查的工作安排，某公司 2015 年 7 月 9 日在对 220kV 变电站 1 号主变压器试验中发现其低压侧对高压侧、中压侧及接地侧的电容量以出厂为初值其变化量达到了 5.8%，超过注意值 5%，以交接试验为初值其电容量变化量达到 4.48%，接近注意值［参考 Q/GDW 169—2008《油浸式变压器（电抗器）状态评价导则》］。其高压侧额定挡对低压侧短路阻抗初值差达到 1.39%，接近注意值 1.6%，中压侧对低压侧短路阻抗相间互差达到 3.32%，超过注意值 2.0%（参考 DL/T 1093—2008[1]《电力变压器绕组变形的电抗法检测判断导则》）。

二、案例分析

1. 缺陷查找

变电站 1 号主变压器自 1994 年 10 月投运以来，未进行过 B 类大修，由于期间该站进行了综合自动化改造，只能查阅到 2009 年至缺陷发现前的线路故障跳闸情况。跳闸情况及短路电流见表 1－20。

表 1－20　220kV 变电站跳闸统计（2009～2015 年）

序号	线路电压等级	线路名称	故障及缺陷	跳闸日期	1 号主变压器承受的短路电流（A）
1	110kV 线路跳闸情况	110kV××二线	雷击跳闸	2010 年 5 月 6 日	无记录
2		110kV××二回	跳闸	2011 年 2 月 22 日	无记录
3		110kV××线	比率差动保护动作跳闸，重合闸不成功	2012 年 9 月 7 日	无记录

[1] 已被 DL/T 1093—2018《电力变压器绕组变形的电抗法检测判断导则》替代。

续表

序号	线路电压等级	线路名称	故障及缺陷	跳闸日期	1号主变压器承受的短路电流（A）
4	110kV线路跳闸情况	110kV××一线	跳闸	2012年11月28日	无记录
5		110kV××线168断路器	距离Ⅱ段动作跳闸，重合闸不成功	2013年8月1日	1890.6
6		110kV××线168断路器	110kV代双线168断路器距离Ⅱ段动作跳闸	2014年2月12日	1825.8
7		110kV××线163断路器	差动保护动作、距离Ⅰ段动作跳闸，重合闸成功	2014年9月14日	3037.2
8		110kV××线168断路器	距离Ⅰ段动作跳闸，重合闸成功	2015年4月1日	2665.8
9	35kV线路跳闸情况	35kV××二回	雷击跳闸	2009年8月26日	2324
10		35kV××一回	雷击跳闸	2010年5月6日	2452
11		35kV×× 一 回 325断路器	过电流Ⅰ段	2010年7月4日	3345
12		35kV×× 二 回 326断路器	过电流Ⅰ段	2010年7月4日	4444
13		35kV××二回	跳闸	2011年3月1日	3121
14		35kV××线	跳闸	2011年3月17日	2564
15		35kV××二回	瞬时速断保护跳闸	2011年6月17日	3127
16		35kV××线 328断路器	限时电流速断保护动作跳闸	2012年6月30日	3454
17		35kV××线 328断路器	限时电流速断动作跳闸（重合闸停用）	2012年9月10日	2890
18		35kV××线 324断路器	定时限过电流保护动作跳闸，重合闸不成功	2013年12月5日	350
19		35kV××线 328断路器	35kV××线 328 断路器瞬时速断电流保护动作，重合闸未投	2014年7月23日	4538
20		35kV××线	限时电流速断保护动作，重合闸未投	2014年7月30日	2717
21		35kv××线 328断路器	限时电流速断保护动作跳闸	2014年8月7日	2000
22		35kV××线 328断路器	瞬时速断保护动作跳闸	2014年10月4日	4662
23		35kV××线	瞬时电流速断保护动作跳闸，重合闸不成功	2014年12月22日	2371
24		35kV××线	瞬时电流速断动作保护跳闸，重合闸不成功	2014年12月22日	1090

2. 缺陷处理

（1）绕组电容量。绕组连同套管介质损耗及电容量见表1-21。

表1-21　　绕组连同套管介质损耗及电容量

试验日期	试验仪器	介质损耗及电容量		高压侧对中压侧、低压侧及接地侧	中压侧对高压侧、低压侧及接地侧	低压侧对高压侧、中压侧及接地侧	高压侧、中压侧对低压侧及接地侧	高压侧、中压侧、低压侧对接地侧
出厂值（1998年12月27日）		C_x（nF）		14.43	19.88	25.67	17.17	24.22
		$\tan\delta$（%）		0.3	0.06	0.09	0.32	0.24
交接试验值（1999年7月）	CYC-1介质损耗测试仪	C_x（nF）		14.686	19.812	25.995	—	—
		$\tan\delta$（%）		0.2	0.11	0.22	—	—
例行试验（2002年10月14日）	JYC-Ⅲ介质损耗测试仪	C_x（nF）		14.73	19.98	25.45	—	—
		C_x初值差（%）	出厂	2.079	0.503	-0.857		
			交接	0.29	0.84	-2.1	—	—
例行试验（2003年9月23日）		C_x（nF）		14.62	19.73	25.63	—	—
		C_x初值差（%）	出厂	1.32	-0.75	-0.16	—	—
			交接	-0.45	-0.41	-1.4	—	—
例行试验（2005年5月28日）		C_x（nF）		14.67	19.71	25.67	—	—
		C_x初值差（%）	出厂	1.66	-0.86	0.00	—	—
			交接	-0.11	-0.51	-1.2	—	—
例行试验（2007年11月7日）		C_x（nF）		14.26	20.17	26.11	—	—
		C_x初值差（%）	出厂	-1.18	1.46	1.71	—	—
			交接	-2.9	1.81	0.4	—	—
例行试验（2010年10月23日）		C_x（nF）		14.60	19.92	26.47	—	—
		C_x初值差（%）	出厂	1.18	0.20	3.1	—	—
			交接	-0.59	0.55	1.83	—	—
例行试验（2013年5月10日）	AI-6000E介质损耗测试仪	C_x（nF）		14.38	19.58	26.51	—	—
		C_x初值差（%）	出厂	-0.35	-1.51	4.14	—	—
			交接	-2.1	-1.17	1.98	—	—
诊断试验（2015年7月9日）		C_x（nF）		14.44	19.67	27.16	17.02	25.91
		C_x初值差（%）	出厂	0.07	-1.05	5.8	-0.87	6.98
			交接	-1.7	-0.72	4.48	—	—

为了便于分析绕组电容量变化情况，将变压器电容量简化为图 1-46 所示模型。

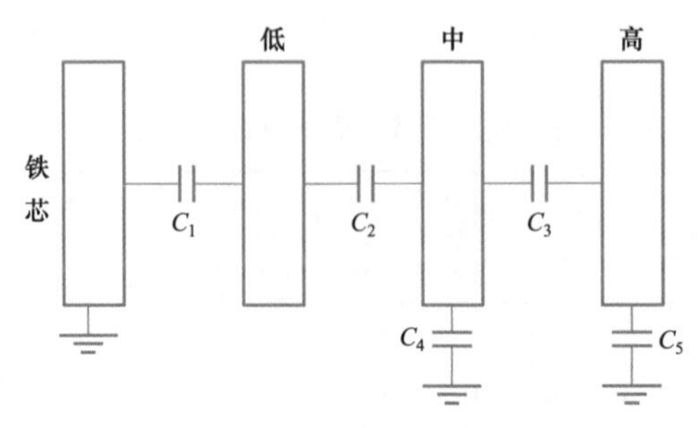

图 1-46 变压器电容量模型

令高压侧对中压侧、低压侧、接地侧绕组电容量测试数据为 $C_{高}$，高压侧、中压侧对低压侧、接地侧电容量测试数据为 $C_{高中}$，以此类推，可得出以下方程

$$C_{高}=C_3+C_5$$
$$C_{中}=C_2+C_3+C_4$$
$$C_{低}=C_1+C_2$$
$$C_{高中}=C_2+C_4+C_5$$
$$C_{高中低}=C_1+C_4+C_5$$

解该方程可得

$$C_1=\frac{C_{高中低}-C_{高中}+C_{低}}{2}$$
$$C_2=\frac{C_{高中}-C_{高中低}+C_{低}}{2}$$
$$C_3=\frac{C_{高}+C_{中}-C_{高中}}{2}$$
$$C_4=C_{中}-\frac{C_{高}+C_{中}+C_{低}-C_{高中低}}{2}$$
$$C_5=C_{高}-\frac{C_{高}+C_{中}-C_{高中}}{2}$$

代入出厂试验与交接试验值所得结果见表 1-22。

表 1-22 折算后的电容量

电容	出厂试验	7 月 9 日例行试验	初值差（%）
C_1	16.36	18.025	10.2
C_2	9.31	9.135	-1.9

续表

电容	出厂试验	7月9日例行试验	初值差（%）
C_3	8.57	8.545	−0.3
C_4	2.0	1.99	−0.5
C_5	5.86	5.895	0.6

从试验数据上看，低压绕组对铁芯及地电容量增加，初值差达 10.2%，低压绕组存在变形。

（2）低电压短路阻抗。2013 年与 2015 年低电压短路阻抗试验数据分别见表 1−23 和表 1−24。

表 1−23　　2013年低电压短路阻抗试验数据

试验日期	2013 年 5 月 10 日					
试验位置	1 分接短路阻抗（%）	短路阻抗初值差（%）	9b 分接短路阻抗（%）	短路阻抗初值差（%）	17 分接短路阻抗（%）	短路阻抗初值差（%）
高压侧对中压侧	13.445	0.33	12.785	−0.11	12.90	0.78
高压侧对低压侧	22.629	0.57	21.78	0.37	22.250	0.67
中压侧对低压侧	短路阻抗（%）			短路阻抗初值差（%）		
	7.3681			−0.43		
试验仪器	HCS6000 变压器空载负载损耗测试仪					

表 1−24　　2015年低电压短路阻抗试验数据

试验名称		变压器短路阻抗试验				试验时间		2015 年 7 月 9 日		
试验位置	铭牌值	测试绕组	绕组温度（℃）	电压（V）	电流（A）	相别	单相阻抗（Ω）	最大相间差（%）	测得短路阻抗（%）	初值差（%）
高压侧对中压侧，高压侧1挡	13.4%	AB	44	454.5	3.0619	AO	74.16	0.15	13.42	0.18
		BC		453.2	3.0509	BO	74.28			
		CA		456.1	3.0728	CO	74.27			
高压侧对中压侧，高压侧9b挡，中压侧无挡位		AB	44	459.8	4.0804	AO	56.31	0.19	12.78	−0.1
		BC		457.7	4.058	BO	56.38			
		CA		459.9	4.0801	CO	56.41			
高压侧对中压侧，高压侧17挡，中压侧无挡位		AB	44	455.3	5.1731	AO	43.84	0.75	12.89	0.76
		BC		455	5.1559	BO	44.17			
		CA		452.7	5.149	CO	44.08			

续表

试验名称		变压器短路阻抗试验				试验时间		2015 年 7 月 9 日		
试验位置	铭牌值	测试绕组	绕组温度（℃）	电压（V）	电流（A）	相别	单相阻抗（Ω）	最大相间差（%）	测得短路阻抗（%）	初值差（%）
高压侧对低压侧，高压侧 1 挡，低压侧无挡位		AB	44	453.3	1.8174	AO	124.37	1.23	22.62	0.55
		BC		456.2	1.8179	BO	125.05			
		CA		455.3	1.8192	CO	125.90			
高压侧对低压侧，高压侧 9b 挡，低压侧无挡位		AB	44	456.5	2.3636	AO	96.17	1.74	22.00	1.39
		BC		457.7	2.3495	BO	96.97			
		CA		455.1	2.3457	CO	97.84			
高压侧对低压侧，高压侧 17 挡，低压侧无挡位		AB	44	452.7	2.9938	AO	75.21	1.67	22.23	0.59
		BC		456.7	2.9954	BO	76.01			
		CA		452.1	2.9809	CO	76.46			
中压侧对低压侧，中压侧无挡位，低压侧无挡位		AB	44	111.8	6.2805	AO	8.88	3.32	7.37	−0.4
		BC		113.5	6.272	BO	8.92			
		CA		114.1	6.3194	CO	9.18			

从低压短路阻抗数据分析，中压侧对低压侧短路阻抗最大相间差达 3.32%，其中 C 相短路阻抗增加较大，结合绕组电容量试验数据分析，变形绕组可能为低压 C 相绕组。

（3）变压器绕组变形测试报告。

1）高压绕组变形测试报告见表 1－25。

表 1－25　　高压绕组变形测试报告

测试变压器	1 号主变压器		
测试单位		测试变电站	220kV××变电站
变压器型号	SFPSZ8－120000/220	生产厂家	××变压器有限责任公司
出厂序号	98B12133	生产日期	1999 年 04 月
测试日期	2015 年 7 月 23 日	环境温度	35℃

续表

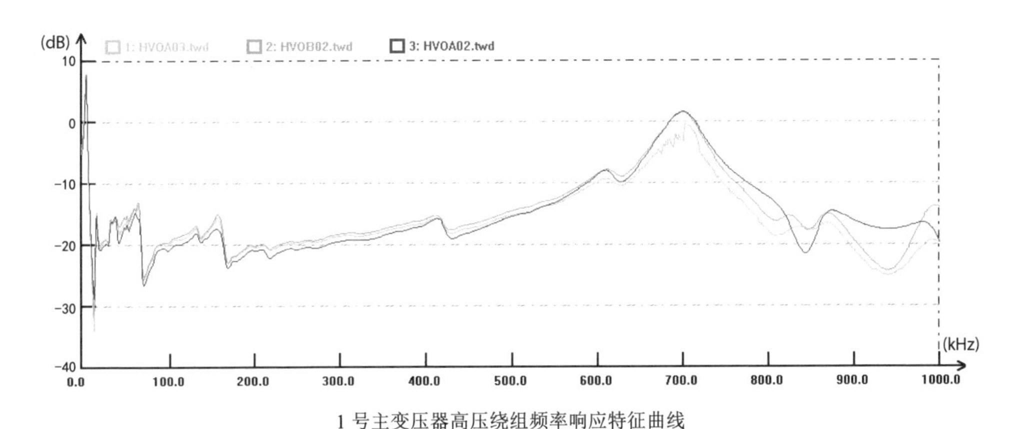

1 号主变压器高压绕组频率响应特征曲线

1：HVOA03.twd——温度 35℃，油温 44.0℃，高压绕组 OA 相第 1 分接预防性试验，2015 年 7 月 23 日 15:30 测量

2：HVOB02.twd——温度 35℃，油温 44.0℃，高压绕组 OB 相第 1 分接预防性试验，2015 年 7 月 23 日 15:27 测量

3：HVOA02.twd——温度 35℃，油温 44.0℃，高压绕组 OC 相第 1 分接预防性试验，2015 年 7 月 23 日 15:25 测量

1 号主变压器高压绕组相关系数分析结果

相关系数	低频段（1～100kHz）	中频段（100～600kHz）	高频段（600～1000kHz）
R_{21}	2.47	3.25	1.92
R_{31}	1.90	2.47	1.15
R_{32}	2.01	2.41	1.18

2）中压绕组变形测试报告见表 1－26。

表 1－26　　中压绕组变形测试报告

测试变压器	1 号主变压器		
测试单位		测试变电站	220kV××变电站
变压器型号	SFPSZ8－120000/220	生产厂家	××变压器有限责任公司
出厂序号	98B12133	生产日期	1999 年 04 月
测试日期	2015 年 7 月 23 日	环境温度	35℃

续表

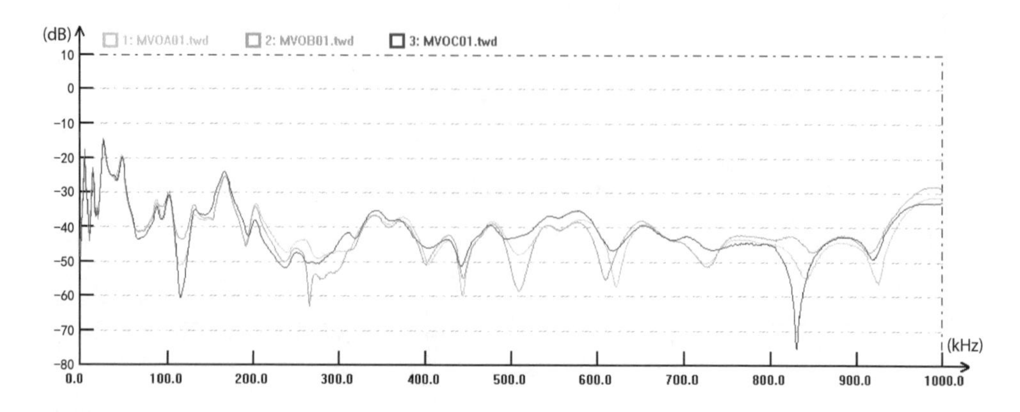

1 号主变压器中压绕组频率响应特征曲线

1：MVOA01.twd——温度 35.0℃，油温 44.0℃，中压绕组 OA 相预防性试验，2015 年 7 月 23 日 14:48 测量
2：MVOB01.twd——温度 35.0℃，油温 44.0℃，中压绕组 OB 相预防性试验，2015 年 7 月 23 日 14:51 测量
3：MVOC01.twd——温度 35.0℃，油温 44.0℃，中压绕组 OC 相预防性试验，2015 年 7 月 23 日 14:54 测量

1 号主变压器中压绕组相关系数分析结果

相关系数	低频段（1～100kHz）	中频段（100～600kHz）	高频段（600～1000kHz）
R_{21}	1.89	0.91	0.78
R_{31}	2.05	0.6	0.66
R_{32}	2.01	0.65	0.44

3）低压绕组变形测试报告见表 1－27。

表 1－27　　　　低压绕组变形测试报告

测试变压器	1 号主变压器		
测试单位		测试变电站	220kV××变电站
变压器型号	SFPSZ8－120000/220	生产厂家	××变压器有限责任公司
出厂序号	98B12133	生产日期	1998 年 12 月 01 日
测试日期	2015 年 7 月 23 日	环境温度	35℃

续表

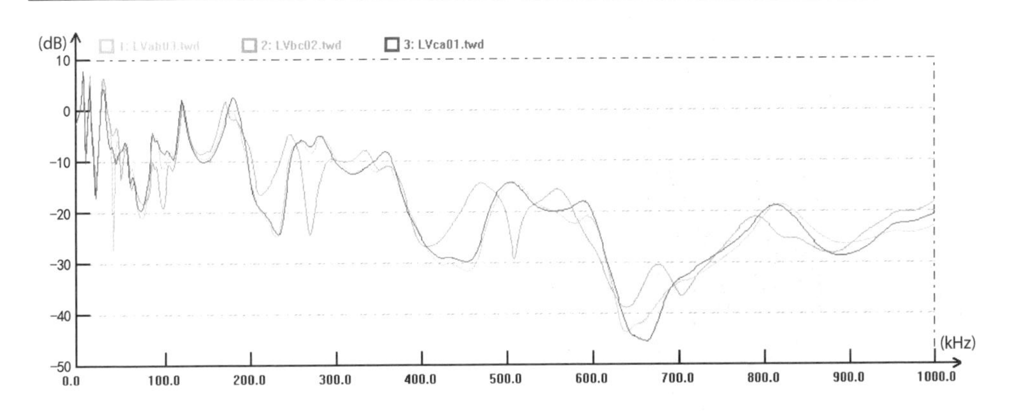

1 号主变压器低压绕组频率响应特征曲线

1：LVab03.twd——温度 35.0℃，油温 44.0℃，低压绕组 ab，预防性试验，2015 年 7 月 23 日 15:13 测量

2：LVbc02.twd——温度 35.0℃，油温 44.0℃，低压绕组 bc，预防性试验，2015 年 7 月 23 日 15:15 测量

3：LVca01.twd——温度 35.0℃，油温 44.0℃，低压绕组 ca，预防性试验，2015 年 7 月 23 日 15:18 测量

1 号主变压器低压绕组相关系数分析结果

相关系数	低频段（1～100kHz）	中频段（100～600kHz）	高频段（600～1000kHz）
R_{21}	0.84	0.56	0.77
R_{31}	1.14	1.90	1.46
R_{32}	0.93	0.53	0.75

从幅频特性图谱分析，中频段 A 相与 B 相、B 相与 C 相相关系数均低于 0.6，参照 DL/T 911—2004《电力变压器绕组变形的频率响应分析法》[1]，低压绕组存在明显变形。

（4）主变压器解体检查情况。2016 年 10 月 18 日，220kV××变电站 1 号主变压器运至某变压器公司进行吊罩检查。某供电公司运维检修部组织本单位专业人员，并请电力科学研究院专家到吊罩现场开展技术监督工作。吊罩情况：从吊罩检查情况看，高、中压绕组未发生变形，低压绕组 A、B 相未明显变形，C 相发生变形，与分析结果大致相同，如图 1-47 所示。

[1] 已被 DL/T 911—2016《电力变压器绕组变形的频率响应分析法》替代。

图 1－47　低压 C 相绕组

（5）分析结论。该变压器低压绕组阻抗短路能力不足，导致变压器在经受短路电流时绕组发生变形。2013 年对该主变压器进行例行试验时未发现绕组电容量增加现象，2015 年开展绕组变形专项排查中发现电容量与短路阻抗均超出标准值，原因为该变压器受 2014 年 7 月 23 日 35kV××线故障短路电流（4538A）冲击，导致低压绕组变形。

（6）变压器返厂大修前，为防止 1 号主变压器再次遭受冲击发生故障，采取了以下措施：

1）将 220kV 变电站 220kV 1 号主变压器 301 断路器转热备用，防止低压绕组再次遭受冲击，同时 35kV 出线重合闸停用，减小故障对 2 号主变压器的冲击。

2）加强××变电站 110kV、35kV 输电线路通道清理，进行全面特殊巡视和架空地线、绝缘子及金具检查，尽可能避免中低压侧短路故障对主变压器造成冲击。

3）加强该变电站输电线路防雷整治，避免因雷击造成的短路故障。

3. 结论与建议

（1）变压器发生近区或出口短路冲击后，应加强本体油色谱跟踪检测。停电试验试验还应进行绕组变形测试、直流电阻、介质损耗及电容量测试，综合分析绕组变形和受损情况，当怀疑变压器内部存在严重缺陷，可进行吊罩检查。

（2）加强变压器选型、定货、验收及投运的全过程管理。应选择具有良好运行业绩和成熟制造经验生产厂家的产品。240MVA 及以下容量变压器应选用通过突发短路试验验证的产品；500kV 变压器和 240MVA 以上容量变压器，制造厂应提供同类产品突发短路试验报告或抗短路能力计算报告，计算报告应有相关理论和模型试验的技术支持。

（3）为防止出口及近区短路，变压器 35kV 及以下低压母线应考虑绝缘化；10kV 的线路、变电站出口 2km 内宜考虑采用绝缘导线。

（4）应开展变压器抗短路能力的校核工作，根据设备的实际情况有选择性地采取加装中性点小电抗、限流电抗器等措施，对不满足要求的变压器进行改造或更换。

220kV 变电站 2 号变压器 C 相高压套管缺陷

一、案例简介

2016 年 3 月，某变电站 2 号主变压器（2T）按计划停电大修，其高压套管取样（上部抽油）进行油中溶解气体分析时发现 C 相（编号为 200805057）油中乙炔含量超过注意值，达到 2.87μL/L，第二天重新取样复测乙炔为 2.91μL/L（见表 1－28）。高压试验时发现 C 相高压套管末屏端有放电痕迹，下方有渗油痕迹，油质发黑（见图 1－48），末屏对地介质损耗因数为 0.0022，电容量为 401.6pF，与 A、B 相测试结果相差较大（见表 1－29）。

表 1－28　2 号主变压器高压套管油中溶解气体测试数据　单位：μL/L

日期	相位	H_2	CO	CO_2	CH_4	C_2H_4	C_2H_6	C_2H_2	总烃
2016 年 3 月 14 日	A 相	18.71	409.41	1284.61	3.72	0.78	0.73	0	5.23
2016 年 3 月 14 日	B 相	20.39	314.75	848.75	3.20	0.33	1.35	0	4.88
2016 年 3 月 14 日	C 相	14.27	457.67	1187.97	4.99	1.33	0.72	2.87	9.91
2016 年 3 月 15 日	C 相	14.42	560.56	1276.97	5.23	1.31	0.62	2.91	10.07

表 1－29　2 号主变压器高压套管末屏高压测试数据

相　别	介质损耗因数（%）	电容量（pF）
A	0.18	396.5
B	0.18	399.2
C	0.22	406.1
0	0.38	206.4

图 1－48　2 号主变压器 C 相高压套管末屏情况

二、案例分析

1. 缺陷查找

从2号主变压器高压套管C相油中溶解气体含量看，C_2H_2含量超过了Q/GDW 1168—2013《输变电设备状态检修试验规程》和GB/T 24624—2009《绝缘套管油为主绝缘（通常为纸）浸渍介质套管中溶解气体分析（DGA）的判断导则》要求的正常值，设备存在放电故障。

根据GB/T 24624—2009中套管的典型案例分析，2号主变压器高压套管C相油中H_2和C_2H_2所占比重较大，特征故障为低能放电；从气体含量的有效比值看，C_2H_2/C_2H_4为2.2，大于1，特征故障也为放电，与现场发现的放电痕迹相吻合。

从2号主变压器高压套管C相高压试验测试数据分析，其对地末屏介质损耗因数和电容量与A、B两相比较明显偏大，表明C相套管存在问题。

2. 结论与建议

根据厂家技术人员意见，整体更换了2T C相高压套管。对新套管油质进行了分析，油质合格。根据技术监督要求，适时对映站2号主变压器高压套管进行油质取样分析。

220kV变电站3号主变压器案例分析

一、案例简介

2017年7月18日22:16，220kV某变电站35kV铁坝线开关柜在送电过程中，发生三相短路，开关柜爆炸，导致3号主变压器受短路电流冲击，造成3号主变压器损坏而停运。由于该站负荷较轻，3号主变压器退运后所有负荷由2号主变压器承担，未造成负荷损失。事故发生后省电力科学研究院派人员全程参与了事故的分析和处理。

二、案例分析

1. 缺陷查找

（1）系统组成情况。

1）220kV某变电站主接线。220kV某变电站2、3号主变压器并列运行；220、110kV系统并列运行；35kVⅡ、Ⅲ段母线分列运行（主接线如图1－49所示）。

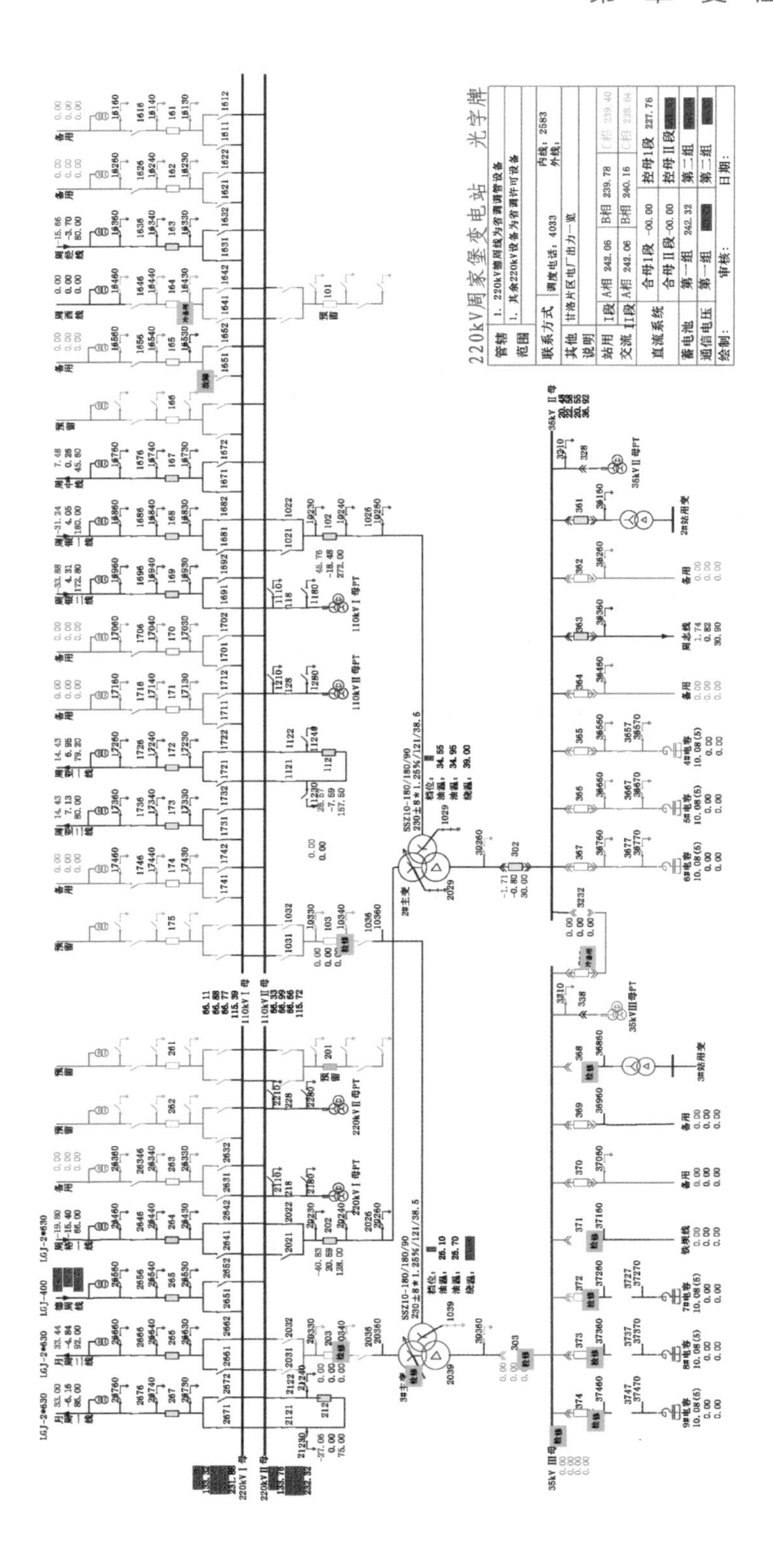

图 1－49　220kV 某变电站主接线图

2）故障变压器设备基本信息。故障变压器型号为 SSZ10－180000/220，联结组标号为 YNyn0D11，额定电压和分接范围为（230±8×1.25%）/121/38.5，2012 年 5 月出厂，出厂序号为 111263301，故障变压器铭牌如图 1－50 所示。

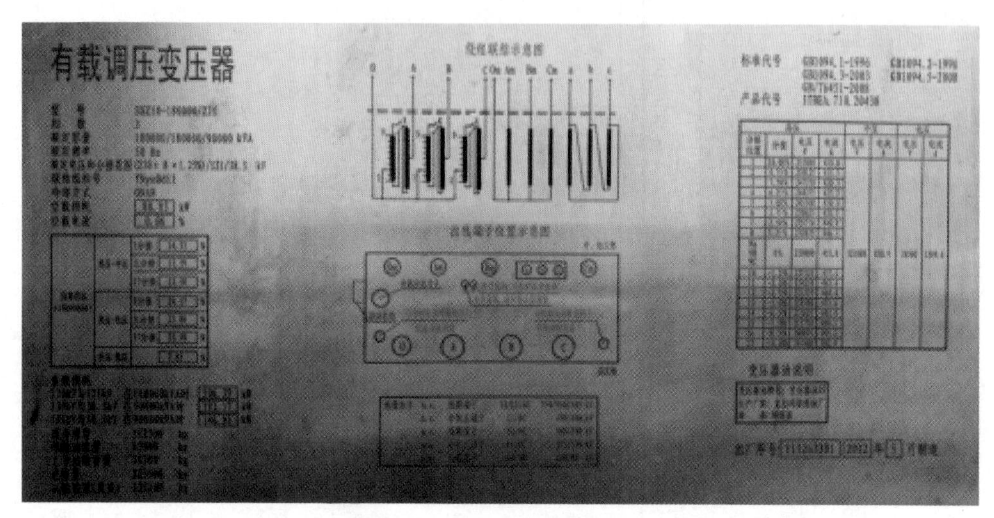

图 1－50 故障变压器铭牌

（2）故障描述。

1）设备故障经过：

2017 年 7 月 18 日，用户完成 35kV 铁×线 371 间隔出线电缆故障处理并验收合格后，开始送电操作。

18:45，35kVⅢ母由检修转冷备用。

20:15，铁×线 371 断路器由检修转冷备用。

20:30，铁×线线路转冷备用。

21:52，35kVⅢ母冷备用转热备用。

21:58，地调令合上 3 号主变压器 303 断路器对 35kVⅢ母充电。

22:05，操作结束，充电正常。

22:10，执行地调令：合上 35kV 铁×线 371 断路器对线路充电。

22:16:26.217，合上铁×线 371 断路器。

22:16:33.965，35kV 铁×线过电流Ⅰ段动作。

22:16:33.981，铁×线 371 断路器跳闸。

22:16:35.241，3 号主变压器本体重瓦斯保护、本体轻瓦斯保护、压力释放保护，速动油压保护动作。

22:16:35.266，3 号主变压器纵差速断、纵联差动保护动作跳开 3 号主变压器三侧断路器。

22:16:35.290，3 号主变压器 2 号差动速断保护动作跳开 3 号主变压器三侧断路器跳闸。

2）故障录波情况：

22:16:33.965，35kV 铁×线 371 断路器保护装置过电流 I 段动作，动作电流分别为 A 相 93.583A、B 相 116.733A、C 相 75.149A，该间隔电流互感器变比为 600/5，折算至一次侧为 11.469kA、14.007kA、9.017kA，保护装置动作时间为 37ms，如图 1－51 所示。

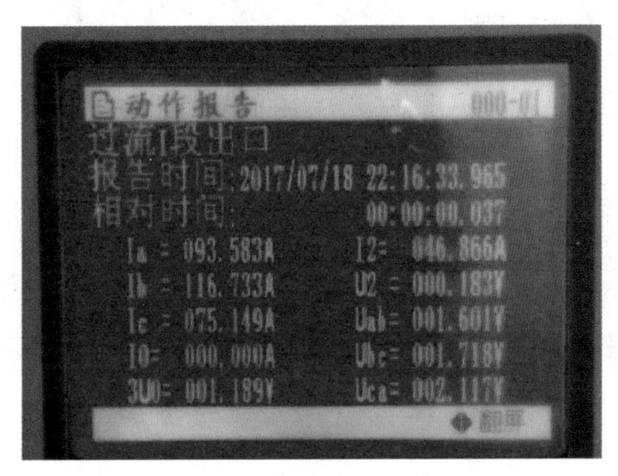

图 1－51 372 断路器保护装置动作报告

22:16:33.981，铁×线 371 断路器跳闸。

22:16:35.241，3 号主变压器非电量保护主变压器本体速动油压保护动作。

22:16:35.266，3 号主变压器 1 号保护装置纵差差动速断保护、纵差差动保护、采样值差动保护动作，动作情况如表 1－30 所示，录波图如图 1－52 所示。

表 1－30 1 号保护装置动作情况

	相别	大小（A）	三侧变比	一次值（kA）
动作电流	A	12.49	1000/5	2.498
			1500/5	3.747
			2000/5	4.996
	B	0.05	1000/5	—
			1500/5	—
			2000/5	—

续表

	相别	大小（A）	三侧变比	一次值（kA）
动作电流	C	5.13	1000/5	1.026
			1500/5	1.539
			2000/5	2.052
保护动作类别	差动速断		动作时间（ms）	82
	纵差差动			84
	采样值差动			90

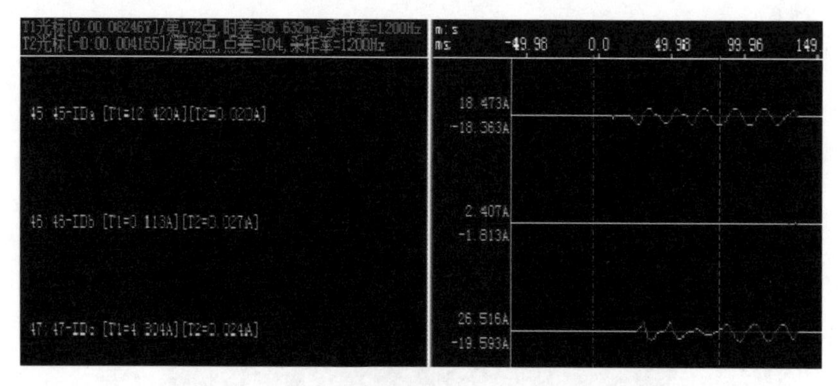

图 1－52　3 号主变压器 1 号保护装置录波图

22:16:35.290，3 号主变压器 2 号保护装置差动速断保护动作、纵差保护动作，动作情况如表 1－31 所示，录波图如图 1－53 所示。

表 1－31　　2 号保护装置动作情况

	相别	大小（A）	三侧变比	一次值（kA）
动作电流	A	13.793	1000/5	2.758
			1500/5	4.138
			2000/5	5.517
	B	0.189	1000/5	—
			1500/5	—
			2000/5	—
	C	14.454	1000/5	2.891
			1500/5	4.336
			2000/5	5.782
保护动作类别	差动速断		动作时间（ms）	101
	纵差差动			110

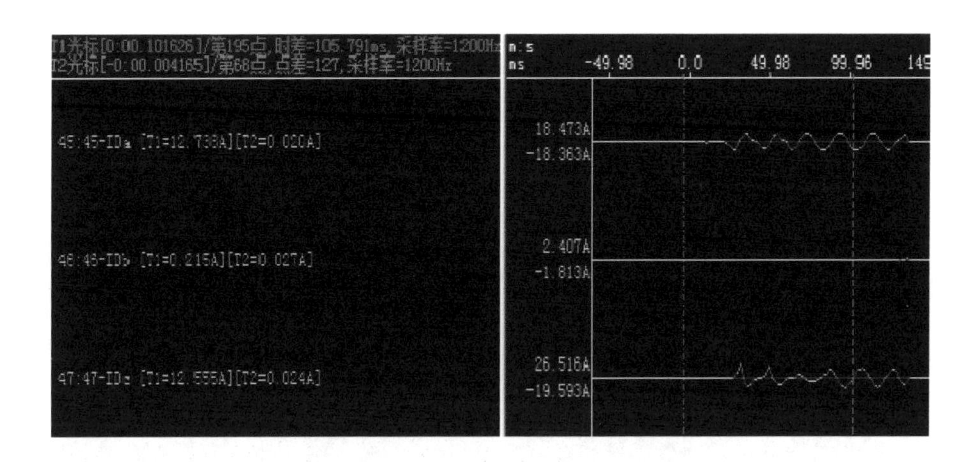

图 1－53　3 号主变压器 2 号保护装置录波图

22:16:35:303，3 号主变压器 303 断路器跳闸。

22:16:35:307，3 号主变压器 302 断路器、301 断路器跳闸。

22:16:35:334，3 号主变压器非电量保护本体重瓦斯保护动作。

对比 1、2 号保护装置波形，波形基本一致；利用 CAAP2008X 波形分析软件对波形进行分析，可以看出：故障存在期间，主变压器高、中、低三侧承受的最大故障电流真有效值分别为 1.53、6.94、30.588kA，如图 1－54 所示；故障电流持续最大时间约为 138ms，如图 1－55 所示；高、中、低压侧短路电流基本有效值最大值分别为 1.06、4.6、20kA，如图 1－56～图 1－59 所示。

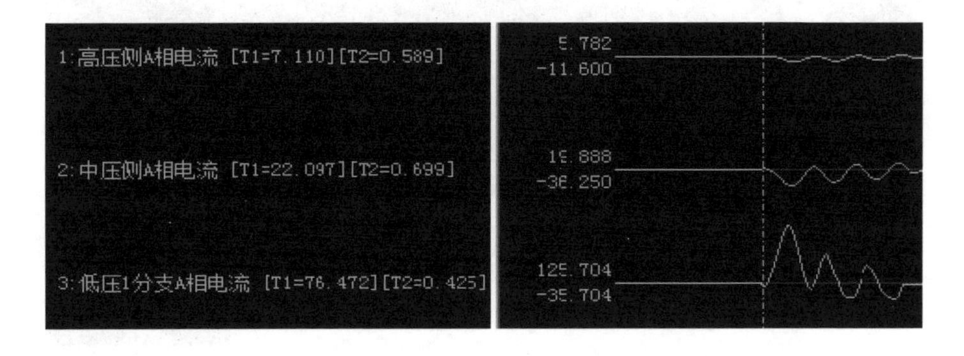

图 1－54　最大故障电流真有效值

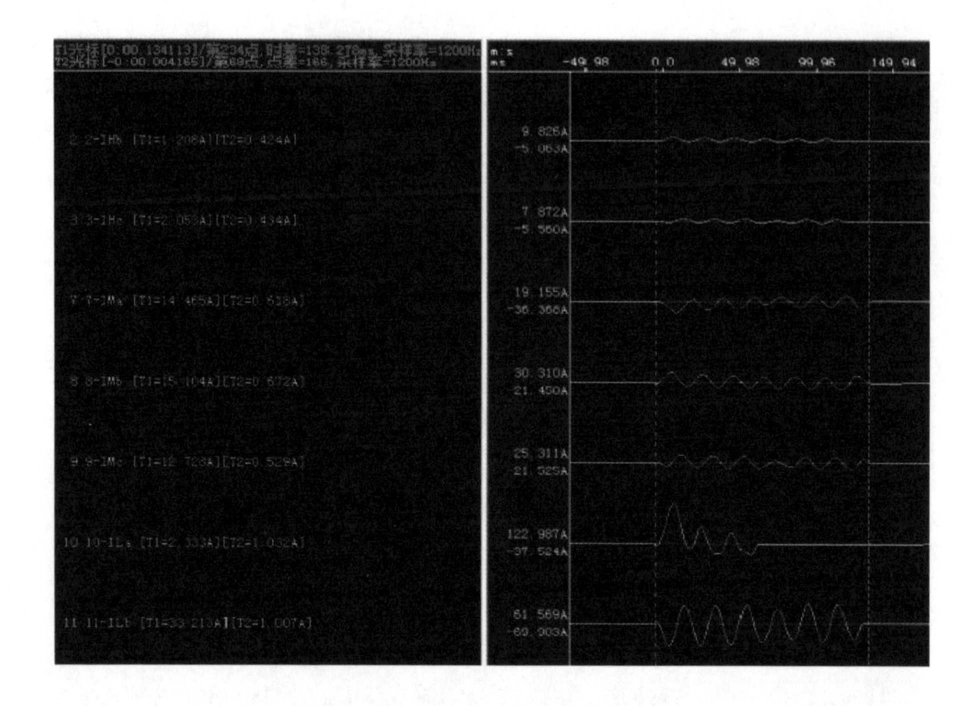

图 1－55　故障电流持续最大时间

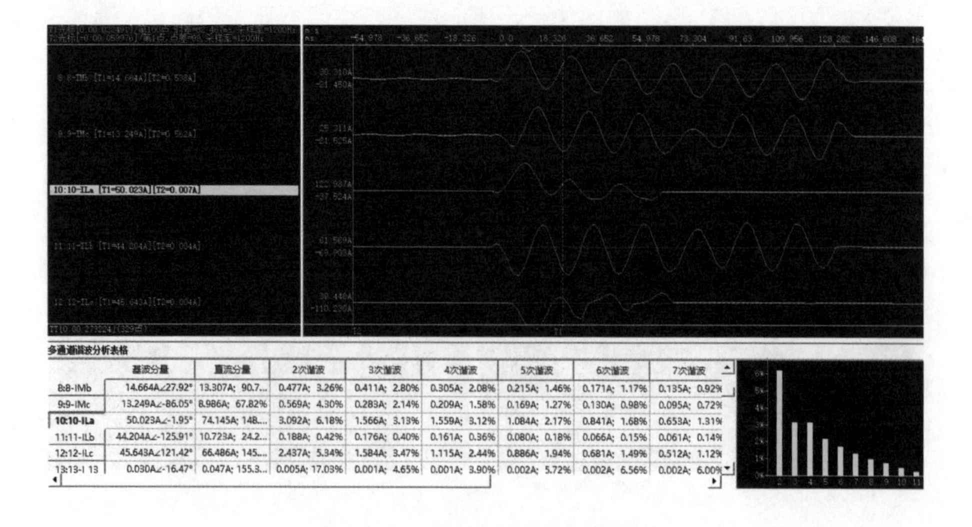

多通道谐波分析表格

	基波分量	直流分量	2次谐波	3次谐波	4次谐波	5次谐波	6次谐波	7次谐波
8:8-IMb	14.664A∠27.92°	13.307A; 90.7...	0.477A; 3.26%	0.411A; 2.80%	0.305A; 2.08%	0.215A; 1.46%	0.171A; 1.17%	0.135A; 0.92%
9:9-IMc	13.249A∠-86.05°	8.986A; 67.82%	0.569A; 4.30%	0.283A; 2.14%	0.209A; 1.58%	0.169A; 1.27%	0.130A; 0.98%	0.095A; 0.72%
10:10-ILa	50.023A∠-1.95°	74.145A; 148....	3.092A; 6.18%	1.566A; 3.13%	1.559A; 3.12%	1.084A; 2.17%	0.841A; 1.68%	0.653A; 1.31%
11:11-ILb	44.204A∠-125.91°	10.723A; 24.2...	0.188A; 0.42%	0.176A; 0.40%	0.161A; 0.36%	0.080A; 0.18%	0.066A; 0.15%	0.061A; 0.14%
12:12-ILc	45.643A∠121.42°	66.486A; 145....	2.437A; 5.34%	1.584A; 3.47%	1.115A; 2.44%	0.886A; 1.94%	0.681A; 1.49%	0.512A; 1.12%
13:13-I 13	0.030A∠-16.47°	0.047A; 155.3...	0.005A; 17.03%	0.001A; 4.65%	0.001A; 3.90%	0.002A; 5.72%	0.002A; 6.56%	0.002A; 6.00%

图 1－56　低压侧基本有效值最大值

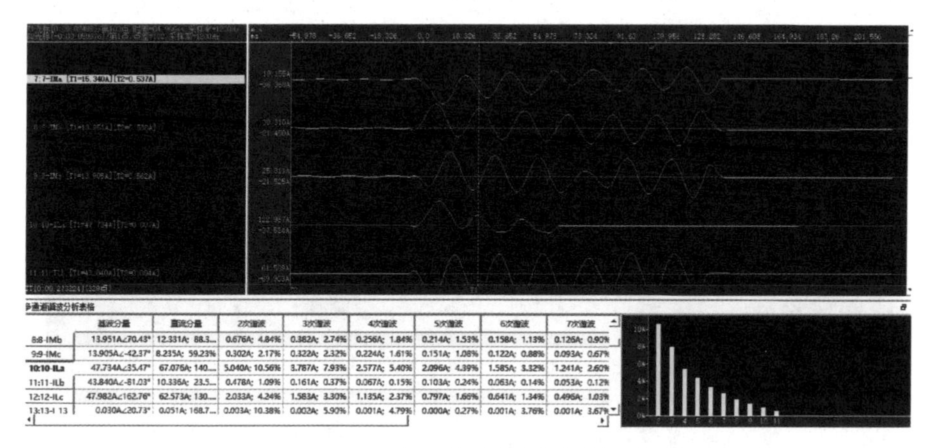

图 1－57　中压侧基本有效值最大值

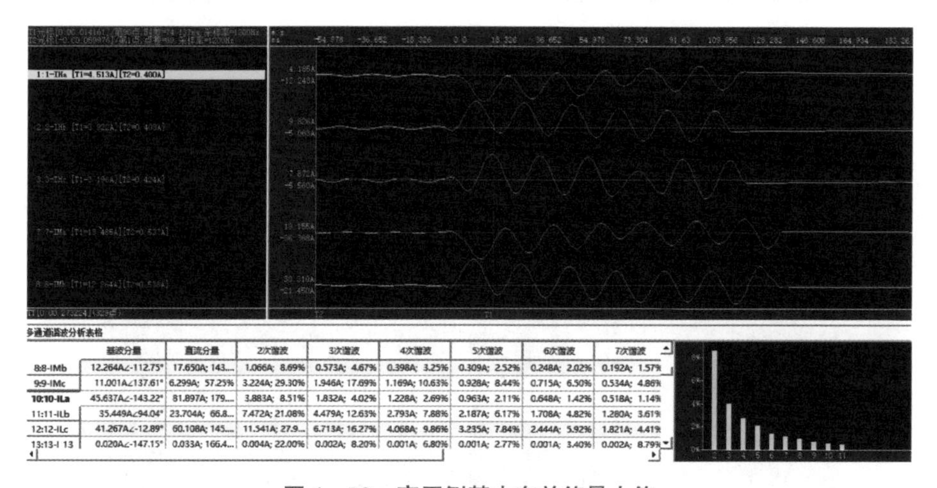

图 1－58　高压侧基本有效值最大值

综合两套主变压器保护及线路保护记录波形分析，35kV 铁×线首先发生三相短路接地故障，导致母线电压降为 0，铁×线保护启动，主变压器保护启动；约 20ms 时，主变压器内部产生故障，差流出现；约 60ms 时，铁×线断路器跳闸，切除铁×线间隔故障，但主变压器至 35kV 母线之间 A、B 两相仍存在接地故障（A、B 相电压未恢复，C 相恢复）；80ms 时，故障电流达到主变压器差动保护动作定值，保护动作出口；90ms 时，故障再次发展，C 相也发生接地故障，电压消失；138ms 时，主变压器三侧断路器跳闸，故障切除。35kV 铁坝线及 3 号主变压器保护均动作正常，如图 1－59 所示。

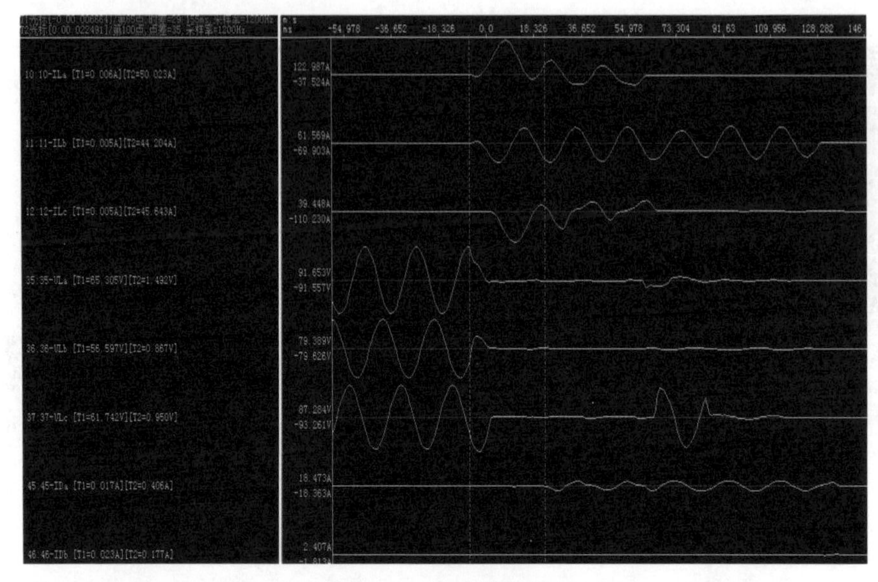

图 1-59 故障发生过程

（3）现场损坏情况：

1）3 号主变压器损坏情况。3 号主变压器本体压力释放阀动作，变压器油从管内喷出；本体气体继电器内集气约 350mL；110kV 侧 B、C 相套管法兰处瓷套移位，如图 1-60 所示。

(a) (b) (c) (d)

图 1-60 变压器现场损坏情况

（a）压力释放阀动作；（b）气体继电器内部气体；（c）主变压器喷油；（d）套管位移

2）开关柜损坏情况。如图 1-61 所示，35kV 铁坝线 371 开关柜后门变形，柜顶泄压盖板掀翻，柜内出线隔离开关静触头支柱绝缘子 A、B、C 相表面有放电痕迹，绝缘子根部金属横梁有放电痕迹，35kV 铁坝线 371 开关柜内三相下触头盒有明显放电痕迹，上柜门母线室 B 相母线与后柜门挡板间有放电痕迹。

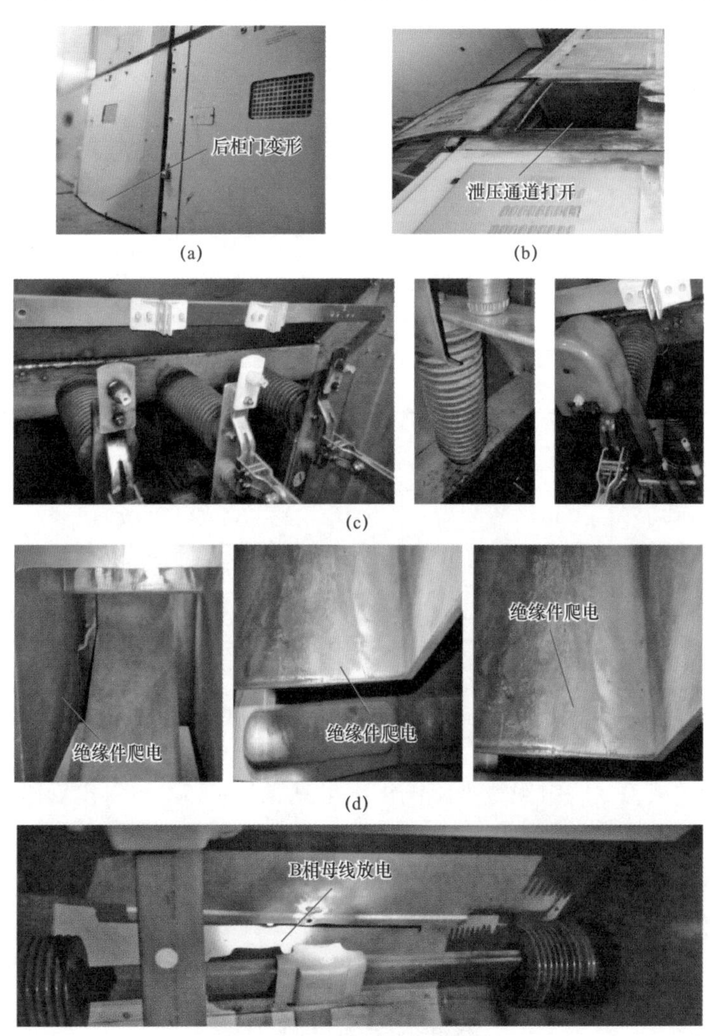

图 1-61 开关柜损坏情况

（a）开关柜后柜门变形；（b）开关柜泄压通道打开；（c）支柱绝缘子放电；（d）绝缘件爬电；（e）B 相母线放电

（4）油色谱试验。本体色谱见表 1-32，由结果可知，三比值编码为 102，为电弧放电。220kV 和 110kV 套管色谱检测结果见表 1-33 和表 1-34，从检测结果看，套管内部未出现放电故障。

表 1-32　本体及气样色谱检测结果

气体组分	CH_4	C_2H_4	C_2H_6	C_2H_2	H_2	CO	CO_2	ΣC_i
本体	98.46	83.19	5.39	173.62	407.74	524.53	1443.11	360.66
气体样	5288	1087	18.84	4451	241852	118397	1955	10847

表 1-33　220kV 套管色谱检测结果

气体组分	CH_4	C_2H_4	C_2H_6	C_2H_2	H_2	CO	CO_2	ΣC_i
A	4.54	0.58	0.78	0	7.32	504.06	734.92	5.90
B	4.75	0.23	0.69	0	5.08	472.67	678.66	5.67
C	3.88	0.15	0.39	0	8.28	491.08	806.57	4.42
O	4.90	0.38	0.45	0	10.87	471.57	730.50	5.73

表 1-34　110kV 套管色谱检测结果

气体组分	CH_4	C_2H_4	C_2H_6	C_2H_2	H_2	CO	CO_2	ΣC_i
A	5.10	0.50	0.52	0	58.51	733.37	881.37	6.12
B	5.12	0.42	0.69	0	113.47	871.93	1193.50	6.23
C	5.55	0.68	0.64	0	49.16	776.43	1085.64	6.87
O	2.73	0.33	0.28	0	13.30	438.61	934.03	3.34

（5）绝缘试验。绕组绝缘电阻测试结果见表 1-35，可看出低压绕组对铁芯连通，铁芯对夹件连通。绕组介质损耗和电容量试验结果见表 1-36，可看出低压绕组接地后其电容量未发生变化，说明绕组损坏只集中在低压绕组。套管绝缘电阻测试结果见表 1-37，可看出套管绝缘正常。套管的介质损耗、电容量测试结果见表 1-38，可看出套管介质损耗与电容未发现异常。

表 1-35　绕组绝缘电阻测试结果

测　试　部　位	R_{15s}	R_{60s}	吸收比
高压对中低压及地（铁芯、夹件接地）	39000	50800	1.3
中压对高低压及地（铁芯、夹件接地）	27400	37900	1.38
低压对高中压及地（铁芯、夹件接地）	0	0	0

续表

测 试 部 位	R_{15s}	R_{60s}	吸收比
高中压对低压及地	24700	30720	1.51
低压绕组、夹件、铁芯对地（高、中压接地）	4380	8950	—
铁芯对夹件及地（低压绕组悬空）	0.1	0.1	—

表 1–36　　绕组介质损耗、电容量测试结果

测试数据	$\tan\delta$（%）			C_x（nF）		
测试部位	本次值	上次值	出厂值	本次值	上次值	出厂值
高压对中低压及地	0.394	0.231	0.191	16.13	16.19	15.99
中压对高低压及地	0.438	0.397	0.237	23.75	24.05	23.86
高中压对低压及地	0.604	0.456	0.255	20.01	20.27	20.02

表 1–37　　套管绝缘电阻测试结果

套管编号	试验部位	A	B	C	O
220kV 侧	主绝缘（MΩ）	10000+	10000+	10000+	10000+
	末屏绝缘（MΩ）	10000+	10000+	10000+	10000+
110kV 侧	主绝缘（MΩ）	10000+	10000+	10000+	10000+
	末屏绝缘（MΩ）	10000+	10000+	10000+	10000+

表 1–38　　变压器套管电容与介质损耗

套管编号	试验项目	A	B	C	O
220kV 侧	$\tan\delta$（%）	0.35	0.346	0.354	0.371
	实测电容（pF）	497.9	500.2	490.4	270.7
	额定电容（pF）	504	506	500	271
110kV 侧	$\tan\delta$（%）	0.309	0.334	0.338	0.286
	实测电容（pF）	349.0	344.4	349.1	443.1
	额定电容（pF）	350	346	351	446

（6）直流电阻试验。3 号主变压器直流电阻试验结果见表 1–39，可看出低压绕组直流电阻存在严重异常。

表 1-39 直流电阻测试结果

<table>
<tr><th colspan="3">试验项目</th><th colspan="4">测试结果</th></tr>
<tr><td rowspan="22">绕组直流电阻（mΩ）</td><td rowspan="18">220kV</td><td>挡位</td><td>AO</td><td>BO</td><td>CO</td><td>ΔR（%）</td></tr>
<tr><td>1</td><td>343.1</td><td>343.8</td><td>343.8</td><td>0.20</td></tr>
<tr><td>2</td><td>338.2</td><td>339.3</td><td>338.9</td><td>0.32</td></tr>
<tr><td>3</td><td>332.6</td><td>333.1</td><td>333.3</td><td>0.21</td></tr>
<tr><td>4</td><td>327.8</td><td>328.4</td><td>328.5</td><td>0.21</td></tr>
<tr><td>5</td><td>322.2</td><td>323.1</td><td>323.0</td><td>0.28</td></tr>
<tr><td>6</td><td>317.4</td><td>318.1</td><td>318.1</td><td>0.22</td></tr>
<tr><td>7</td><td>311.9</td><td>312.4</td><td>312.7</td><td>0.26</td></tr>
<tr><td>8</td><td>307.1</td><td>308.5</td><td>307.9</td><td>0.45</td></tr>
<tr><td>9</td><td>300.8</td><td>301.7</td><td>300.4</td><td>0.43</td></tr>
<tr><td>10</td><td>306.3</td><td>307.0</td><td>306.4</td><td>0.23</td></tr>
<tr><td>11</td><td>311.9</td><td>312.5</td><td>312.1</td><td>0.19</td></tr>
<tr><td>12</td><td>316.8</td><td>317.9</td><td>317.0</td><td>0.35</td></tr>
<tr><td>13</td><td>322.3</td><td>323.5</td><td>322.5</td><td>0.37</td></tr>
<tr><td>14</td><td>327.2</td><td>328.4</td><td>327.4</td><td>0.37</td></tr>
<tr><td>15</td><td>332.7</td><td>333.1</td><td>333.0</td><td>0.12</td></tr>
<tr><td>16</td><td>337.6</td><td>338.2</td><td>337.8</td><td>0.18</td></tr>
<tr><td>17</td><td>343.2</td><td>344.2</td><td>343.4</td><td>0.29</td></tr>
<tr><td rowspan="2">110kV</td><td rowspan="2">3</td><td>AmOm</td><td>BmOm</td><td>CmOm</td><td>ΔR（%）</td></tr>
<tr><td>69.3</td><td>69.8</td><td>68.98</td><td>1.18</td></tr>
<tr><td rowspan="2" colspan="2">35kV</td><td>a</td><td>b</td><td>c</td><td>ΔR（%）</td></tr>
<tr><td>56.5</td><td>43.8</td><td>42.9</td><td>28.49</td></tr>
</table>

（7）变比试验。3 号主变压器变比试验结果见表 1-40。从表 1-41 可以看出高压侧对低压侧、高压侧对中压侧变比均超过标准值。结合上面的试验结果可以推测低压绕组有匝间短路，高压侧对中压侧的变比异常可能是由于低压绕组匝间短路后的电磁影响。

表 1-40　　变 比 试 验 结 果

	挡位	额定变比	AB/AmBm		BC/BmCm		CA/CmAm	
			实测	误差（%）	实测	误差（%）	实测	误差（%）
高高对中	1	2.0910	3.003	+43.6	2.250	+7.60	2.211	+5.73
	2	2.067	3.007	+45.4	2.224	+7.59	2.187	+5.80
	3	2.043	2.973	+45.5	2.194	+7.39	2.159	+5.67
	4	2.0196	2.900	+43.5	2.168	+7.34	2.134	+5.66
	5	1.9958	2.857	+43.1	2.139	+7.17	2.107	+5.57
	6	1.9721	2.833	+43.6	2.114	+7.19	2.082	+5.47
	7	1.9483	2.835	+45.5	2.085	+7.01	2.055	+5.57
	8	1.9245	2.804	+45.7	2.060	+7.04	2.031	+5.53
	9	1.9008	2.774	+45.8	2.031	+6.84	2.033	+5.37
	10	1.8771	2.703	+43.9	2.006	+6.86	1.9798	+5.47
	11	1.8533	2.663	+43.6	1.9777	+6.71	1.9526	+5.35
	12	1.8295	2.687	+46.8	1.9532	+6.76	1.9286	+5.41
	13	1.8057	2.612	+44.6	1.9247	+6.59	1.9018	+5.32
	14	1.7820	2.628	+47.4	1.9002	+6.63	1.8783	+5.40
	15	1.7583	2.601	+47.9	1.8725	+6.49	1.8515	+5.30
	16	1.7345	2.579	+48.6	1.8477	+6.52	1.8280	+5.39
	17	1.7107	2.551	+49.1	1.8192	+6.63	1.8014	+5.30
	挡位	额定变比	AB/ab		BC/bc		CA/ca	
高高对低	1	6.5714	239.4	+3543	7.342	+11.7	41.79	+535
	9	5.9740	176.25	+2850	6.636	+11.0	37.96	+535
	17	5.3766	207.2	+3753	5.948	+10.6	34.21	+536

（8）绕组变形测试。3 号主变压器短路阻抗测试结果见表 1-41，频响法测试结果见表 1-42～表 1-44。

表 1-41　　　　短路阻抗试验结果

测试部位		1 挡	9 挡	17 挡
高-中压	实测	14.15%	13.5%	13.53%
	铭牌	14.33%	13.59%	13.58%
	Δ%	-1.26%	-0.66%	-0.37%
高-低压	实测	24.51%	23.95%	24.06%
	铭牌	24.57%	23.88%	23.98%
	Δ%	-0.24%	-0.29%	-0.33%
中-低压	实测	8.016%	—	—
	铭牌	7.83%	—	—
	Δ%	2.38%	—	—

表 1-42　　　　高压绕组频响曲线

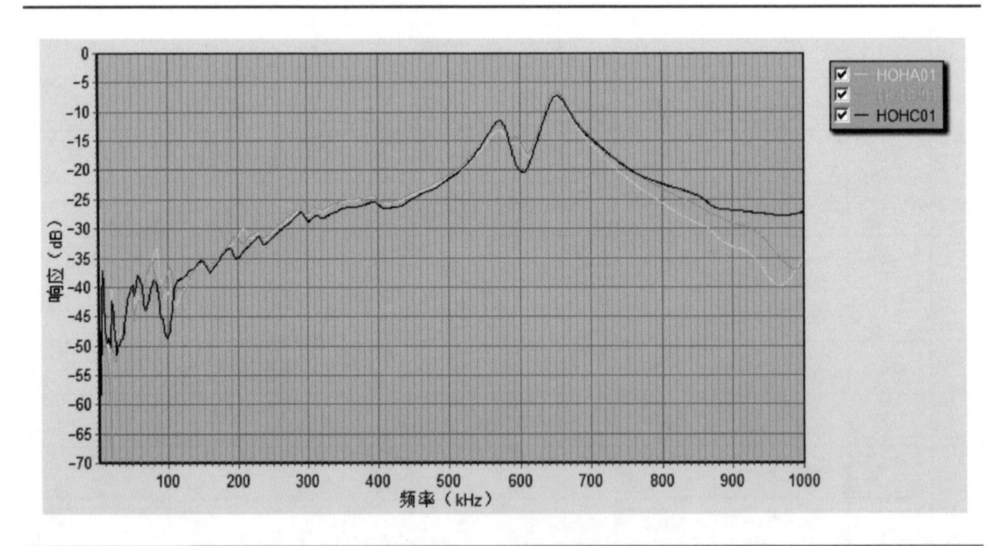

主变压器高压绕组相关系数分析结果

相关参数	低频段（1～100kHz）	中频段（100～600kHz）	高频段（600～1000kHz）	全频段（1～1000kHz）
R_{21}	0.37	2.34	2.09	1.47
R_{31}	0.34	1.72	1.52	1.08
R_{32}	0.45	1.69	1.47	1.36

表 1-43　　中压绕组频响曲线

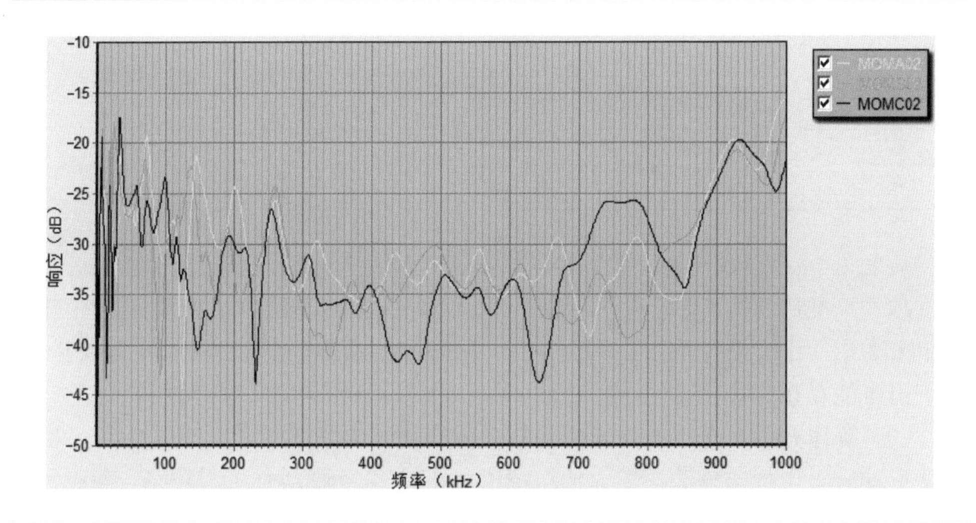

主变压器高压绕组相关系数分析结果

相关参数	低频段（1～100kHz）	中频段（100～600kHz）	高频段（600～000kHz）	全频段（1～1000kHz）
R_{21}	0.10	0.18	0.70	0.46
R_{31}	0.16	0.10	0.45	0.36
R_{32}	0.06	0.14	0.40	0.32

表 1-44　　低压绕组频响曲线

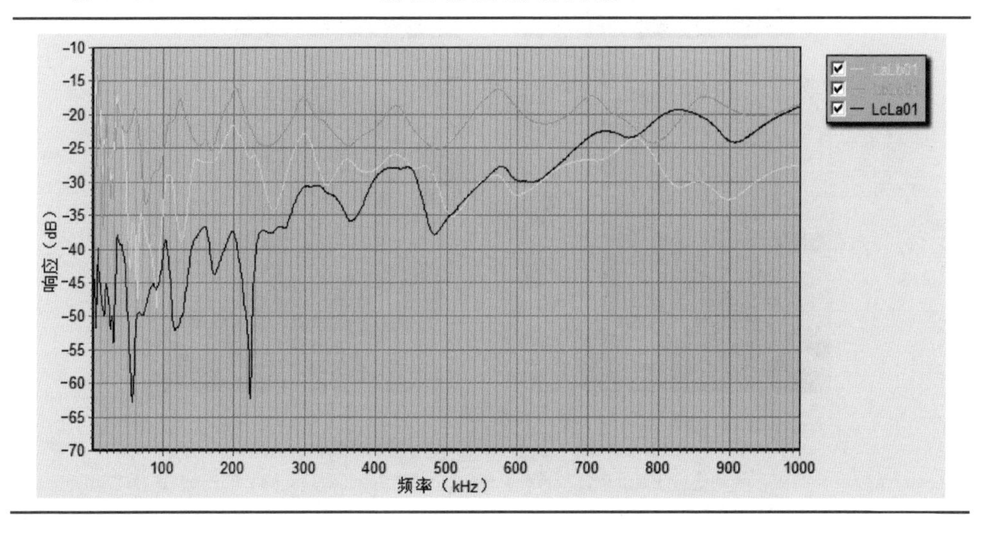

续表

主变压器高压绕组相关系数分析结果				
相关参数	低频段（1～100kHz）	中频段（100～600kHz）	高频段（600～1000kHz）	全频段（1～1000kHz）
R_{21}	0.09	0.12	-0.12	0.11
R_{31}	0.23	0.05	0.07	0.11
R_{32}	0.01	0.12	0.05	0.27

从表 1-41 可看出高-中、高-低短路阻抗均为未超过标准值，中-低短路阻抗超过标准值，但不多。再结合表 1-42～表 1-44 的频率响应测试结果（高压绕组未变形，中、低压绕组变形），可推测低压绕组已经变形，高压绕组未变形，中绕组可能存在轻微变形情况。

（9）解体分析。变压器解体情况与之前诊断试验数据吻合。低压绕组 A 相轴向变形冲破上压板与铁芯短路，低压绕组 A 相中部及底部有匝间短路、断股，辐向基本未发生变形；低压绕组 B 相底部有少量匝间短路，辐向未发生变形；低压绕组 C 相及高、中压绕组均未发生变形。具体如图 1-62～图 1-64 所示。

(a)　(b)　(c)　(d)

图 1-62　低压绕组 A 相解体情况

（a）低压绕组外观；（b）低压绕组冲破压板；（c）低压绕组底部匝间短路；（d）低压绕组中部匝间短路

图 1－63 低压绕组 B 相底部匝间短路

图 1－64 低压绕组 C 相未变形

（10）短路原因分析。通过现场勘查以及录波分析认为：2017 年 7 月 18 日，用户处理完电缆故障缺陷并接入后即启动投运，当操作至将 35kV 铁坝线 371 断路器由热备用转运行后，35kV 铁×线 371 开关柜内三相下触头盒发生沿面放电［见图 1－62（d）］，放电产生了大量的烟尘，烟尘上冒的过程中达到线路隔离开关静触头支柱绝缘子处，使得绝缘子发生闪络［见图 1－62（c）］而发生短路故障，短路电流冲击损坏了变压器。

同样，上述的案例分析也可以从保护录波可以得到验证。在开关柜投入 6s 后发生短路故障，在发生故障前 6s 其三相电压已经出现了异常（见图 1－65）。

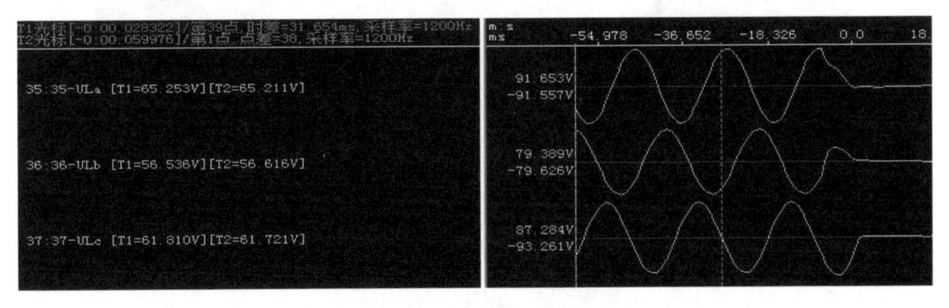

图 1－65 故障前电压异常

为验证上述短路原因，对开关柜进行耐压试验，施加交流耐压至 5000V 左右下触头盒开始出现放电现象；当升至 10000V 时，放电严重，且放电通道有明显红色亮点，并伴随烟雾产生。

（11）变压器损坏原因分析。该变压器自 2013 年投运以来，于 2017 年 6 月及 7 月共遭受两次低压侧外部短路电流的冲击，低压侧短路电流分别为 16kA 及 30kA，厂家技术协议中响应的低压绕组可承受的 2s 对称短路电流为 33.7kA，变压器遭受的短路电流均未超过厂家的设计短路电流允许值。

该变压器设计上，低压绕组采用的半硬自黏换位导线，屈服强度 220MPa，中低压绕组之间采用整体绝缘筒，绕组间除了 28 根主撑条外，外加了 28 根副撑条。所以其辐向抗短路能力较强，未发生变形。变压器轴向抗短路能力措施主要是安匝平衡的设计，绕组压紧工艺，低压绕组采用半硬自黏换位导线，其中最重要的是绕组压紧工艺。该变压器低压绕组与高、中压绕组端圈绝缘垫块存在 6mm 左右的高差，未采用绝缘纸板进行填充，在压板安装后，低压绕组与压板间就存在 6mm 的空隙（见图 1－66），导致轴向抗短路能力降低，绕组的压紧主要靠压钉压在压板上将绕组压紧，压钉布置不均匀使压板的受力也不均匀，若压板与绕组间存在较大的空隙，在受力最大的位置抗短路能力最差，在遭受较大外部短路电流冲击时容易发生损坏。

图 1－66　低压绕组上部端圈与中压绕组上部端圈之间存在高差

该变电站 3 号主变压器由于存在以上缺陷，在短路电流冲击下低压绕组 A 相轴向发生失稳，低压绕组冲破上压板与铁芯短路，同时在绕组的弹跳过程中，换位导线换位处的绝缘纸板脱落造成匝间短路及断股。低压 B 相及 C 相虽未发生变形，但在同样的部位上部端圈也有部分向上顶出。

2. 缺陷处理

根据主变压器解体后的情况，鉴于变压器仅有低压 A 相绕组严重损坏，B、C 相轻微损坏的情况，建议对低压绕组及绝缘件全部进行更换。由于低压 A 相绝缘损坏产生了大量碳化物，杂质如进入中压绕组难以冲洗干净，对以后的运行安全带来隐患，所以对中压 A 相绕组也进行更换。但从设计上尽量保证直流电阻与 B、C 相一致。

3. 结论

该变压器损坏的直接原因是开关柜发生三相短路，变压器制造的缺陷导致在短路电流未超标的情况下而损坏。

220kV 变压器油流继电器损坏分析报告

一、案例简介

××公司 220kV 变压器，设备本体运行正常，油流继电器运行 2 年左右后出现指针异常摆动、运行中发出异响，由于油流继电器指针异常摆动导致油流继电器内部的触点时常接触不良，使冷控箱内接触器频繁投退，影响设备正常运行。更重要的是由于油流继电器动板轴套严重磨损，金属粉末进入变压器油内，如达到一定比例将危及变压器安全运行。

经过收集素材、数据并通过理论计算，最可能原因是变压器厂家在设计上出现问题，附件匹配时只注意油流量问题，未考虑油速问题。因联管内油速差值过大，造成油流继电器动板受较大的力，动板动作后碰撞限位器复位，但油流作用动作后又反弹，如此反复，造成指针频繁摆动，轴套严重磨损。油泵、油流继电器、联管装配如图 1－67 所示。

图 1－67 油泵、油流继电器、联管装配

验证原理及过程：通过测试油泵出口流速与油流继电器流速之比，以验证判断。同时采样类似结构的变压器以验证判断结果。

二、案例分析

1. 缺陷查找

变压器型号为 SFPSZ－150000/220（见图 1－68），配用型号为 6BR3.30－6/2.2V 盘式电机变压器油泵，功率为 2.2kW，转速为 900r/min，流量为 $80m^3/h$，扬程为 6m。配用型号为 YJ1－150/80 的油流继电器，其连管标称直径为 150mm，额定流量为 $80m^3/h$，动作油流量为 $60m^3/h$，返回油流量为 $44m^3/h$。

通过对拆下的已损坏的油流继电器检查和分析后认为，由于油流继电器动板长期摆动，动板的轴与轴套之间长时间摩擦，并且轴的材料为不锈钢，而轴套的材料为黄铜，相比较而言，轴的强度明显大于轴套，因此，经过轴与轴承之间长时间的摩擦，轴套必然严重磨损。

2. 缺陷原因

油流继电器的工作原理如图 1－69 所示，油泵启动后联管内产生油流，当油流量达到一定值（动作油流量）时，继电器的动板旋转，由舵板维持在动作位置，通过磁钢的耦合作用带动指针同步转动，信号接点接通，发出流动（正常）信号。当油流量减少到一定值（返回油流量）时，动板返回，发出停止（故障）信号。继电器的动板只有在受到油的冲击力和阻尼弹簧的反作用力平衡时才能固定在一个位置（即指针静止位置），这是才是正常的工作情况。

图 1－68　变压器整体

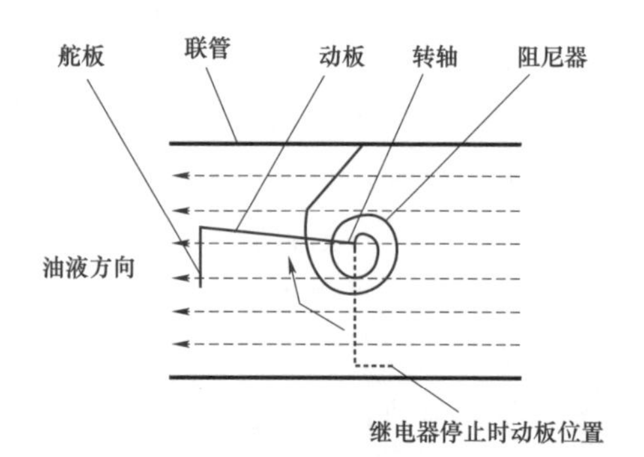

图 1－69　油流继电器的工作原理

由图 1－70 和 1－71 所示继电器和油泵铭牌可得出，6BR3.30－6/2.2V 盘式电机变压器油泵，功率为 2.2kW，转速为 900r/min，流量为 $80m^3/h$，扬程为 6m；YJ1－150/80 油流继电器，其连管标称直径为 150mm，流量为 $80m^3/h$，动作油流量为 $60m^3/h$，返回油流量为 $44m^3/h$。

图 1－70　变压器油泵铭牌

图 1－71　变压器油流继电器铭牌

单从配用附件数据看，变压器厂家设计变压器油泵流量为 $80m^3/h$，配用油流继电器额定工作油流量 $80m^3/h$，联管直径也是 150mm。理论分析是相匹配的，应该没有任何问题。然后，进行相关资料的收集、整理，考虑是否是因各附件配合上出现问题，导致油流继电器动板受力过大造成指针摆动。现进行以下分析计算：

（1）现场安装实际情况如图 1－72 所示。

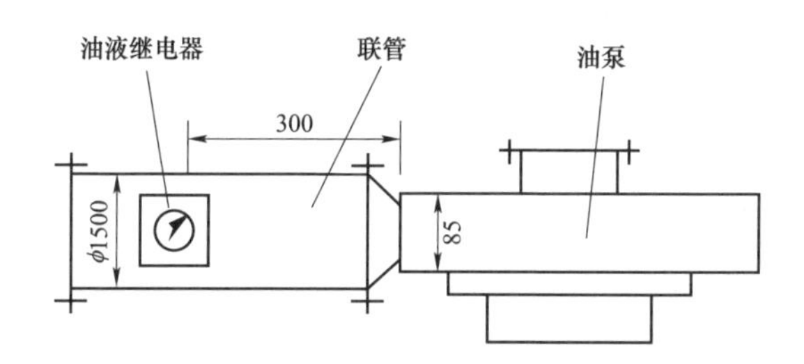

图 1－72 现场安装实际情况

数据计算：

从图中可得知：油泵出口截面为正方形，截面积（S）为

$$S=85mm\times85mm=7225mm^2\times10^{-6}=0.00723\ (m^2)$$

联管为圆形，截面积为

$$S=\pi\times r^2=3.14\times(150/2)\ mm^2=3.14\times75mm^2=17662.5mm^2\times10^{-6}=0.0177\ (m^2)$$

$$流速(V)=流量(Q)/截面积(S)。$$

下面分别计算油泵出口流速（$V_{油泵}$）和联管流速（$V_{联管}$）

$$V_{油泵}=80m^3/h/0.0072m^2/3600s=3.09\ (m/s)$$

$$V_{联管}=80m^3/h/0.0177m^2/3600s=1.26\ (m/s)$$

由算式计算结果可得出如下结论：

$V_{油泵}\geqslant2.45V_{联管}$（流速相差很大），油流继电器动板上受的力只与流速有关，与流量没有直接关系。油泵出口距油流继电器动板仅有 300mm，油流继电器动板所受的实际流速不可能立即降到联管内的理论流速。因此油流继电器动板所受的实际流速可以看成油泵出口的流速 3.09m/s，联管后端流速为 1.26m/s。油流继电器轴套严重磨损原因分析：变压器厂家在设计上出现问题，选用附件时只注意油流量问题，并没有考虑油速问题。造成因联管内油速太大，导致油流继电器舵板受力过大，造成舵板动作后碰撞限位器又反弹，由于油流作用动作后又反弹，如此反复，造成指针异常摆动，导致轴套严重磨损。这才是导致油流继电器指针摆动、轴套严重磨损的真正原因。

（2）在油流继电器启动时，动板受到油流的作用，带动转轴；在继电器转动至工作位置时，动板由于比较薄，基本上受不到油流的冲击，故可以省略，此时只有舵板能受到油流的作用。它上面所受力=油的流速×舵板的面积。如果舵板上所受的力小于转轴上的弹簧阻力（与油流作用力相反），动板将向下转动；如果所受的力大于转轴上的弹簧阻力（与油流作用力相反），动板将向上转动。只有舵板上所受的力等于转轴上的弹簧阻力（与油流作用力相反），动板才能稳定下来。

从上述分析得知，动板处油的流速大于油流继电器额定流速，动板必然向上偏转，偏转至动板与油流方向有一定的夹角时，碰撞限位器又反弹，由于油流作用动作后又反弹，如此反复，造成指针如此频繁的摆动，轴承严重磨损，如图1-73所示。

图1-73 轴承严重磨损的油流继电器

后运行单位对该变压器潜油泵进行改造，由散热器下部改至散热器上部，油流继电器未再发生磨损。

3. 结论与建议

严格按照《国家电网公司十八项电网重大反事故措施》中9.6.2.3要求，对于此类强油循环变压器，运行中如出现过热、振动、杂音及严重漏油等异常时，应安排停运检查。

220kV 变压器套管受潮缺陷

一、案例简介

2013 年 8 月 5 日，某公司化学专业在对某厂家套管的专项排查中，发现 1 号主变压器 220kV 侧套管零相螺栓并未紧固，用手可以直接松动。进行微水测试，测试值高达 34.1mg/L，非常接近注意值 35mg/L。随机对该套管进行返厂，发现该套管严重受潮。

二、案例分析

1. 缺陷查找

该套管色谱分析正常，微量水分达到了 34.1mg/L。虽然注意值为 35mg/L，但是在运行中套管通常微水测试值集中在 10～20mg/L，受潮可能性极大。取样过程中，发现 1 号主变压器 220kV 侧套管零相螺栓并未紧固，用手可以直接松动，如图 1－74 所示。

图 1－74　末屏引出线位置

2. 缺陷处理

此次故障是由于传奇密封性套管顶部螺栓未拧紧，设计位置容易积水导致雨水进入设备引起受潮。该套管为密封性免维护套管，状态检修例行试验也不要求进行油化分析，在正常例行试验中难以发现该情况。由于 2013 年该公司对密封性套管进行专项排查，才发现了该缺陷，目前公司对运行中的套管例行试验增加了色谱分析和微量水分分析，加强设备状态管控。

110kV变电站1号主变压器缺陷分析

一、案例简介

6月22日，某供电公司根据年度检修计划开展110kV某变电站1号主变压器（型号为SFSZ10M－40000/110，2006年投运）检修试验及大修处理。1号主变压器停电检修试验中电气试验及油色谱数据均满足规程要求，但在进行大修更换各部件密封垫时，发现储油柜与变压器本体连接的管道在靠近高压侧B相处存在大量的金属颗粒（见图1－75），分布在管道口1正下方铁芯顶部大约25cm的区域，且管道口正下方较为集中（见图1－76）。

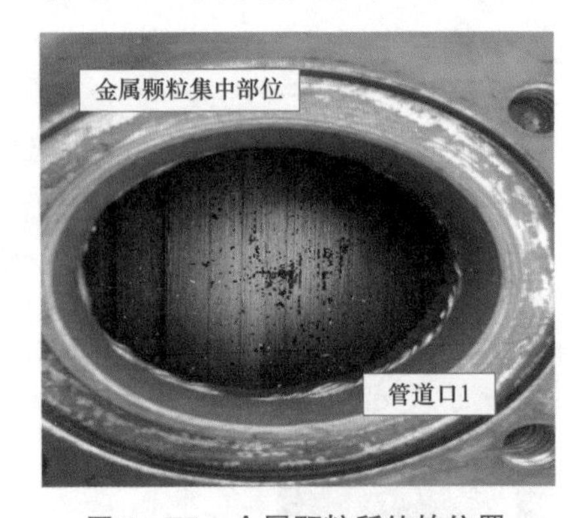

图1－75　金属颗粒所处的位置

图1－76　金属颗粒主要散布的位置

二、案例分析

1. 缺陷查找

为核实上述金属颗粒的来源及其随油循环扩散的区域，6月24日，电力科学研究院会同该供电公司及变压器生产厂家，利用内窥镜对该主变压器的底部及局部绕组进行了逐一排查。又在变压器B相绕组底部靠近器身处发现少量金属颗粒（见图1－77），可判断金属颗粒在主变压器正常运行过程中因油循环导致少量颗粒被带到变压器底部。

图1－77　绕组压板及变压器底部检查结果

2. 缺陷原因

由于在金属颗粒主要集中在管道口 1 正下方的铁芯顶部，且厂家确认连接储油柜和变压器本体的油管为外购产品，在生产过程中需经打磨喷漆处理，判断在打磨过程中管道内残留了少量金属颗粒，变压器生产厂家在预装该组件前未对该管道进行油冲洗，导致储油柜注油的过程中金属颗粒被带入变压器器身内部，在自身重力作用下散落在其下方的铁芯顶部。

3. 结论建议

建议结合与厂家讨论的处理意见，对目前已对变压器内部存在金属颗粒的部位进行了清理；并对已放出的变压器油通过板式滤油机进行处理，以滤除变压器油内部的杂质颗粒。由于目前尚不能确定上述金属颗粒是否进入绕组内部，电力科学研究院建议该电力公司在完成上述处理工作后且常规试验满足规程要求的前提下进行感应耐压及局部放电试验。试验合格后该主变压器投入运行。

110kV 变压器套管内部受潮故障

一、案例简介

2014 年 6 月，某 110kV × × 变电站 1 号主变压器发生套管爆炸，变压器起火故障。检修人员对其进行解体检查，发现 1 号主变压器 110kV 侧 C 相套管内部有明显放电痕迹，放电区域位于套管电容屏零屏与一屏之间，经分析判断该套管排气孔胶垫存在质量缺陷，胶垫老化变形导致套管内部进水受潮，引起套管爆炸故障。

二、案例分析

1. 缺陷查找

故障发生后，套管爆炸主变压器起火，无法对其进行高压试验，同时对历史试验数据进行分析，发现历史试验数据合格，无异常情况。检修人员对故障套管进行外观检查，110kV 套管油位观察窗完好，无破裂，110kV 套管外部完好，无断裂。检修人员对故障套管进行解体检查，发现 1 号主变压器 110kV 侧 C 相套管绝缘子内部上端有明显圆形放电区域和长条形放电痕迹，如图 1－78 所示，将其放电点对应于套管电容芯上，经测量，放电点为位于距套管顶部储油柜 33cm，半径为 5cm 的圆形区域，该放电区域位于套管电容屏零屏与一屏之间。

(a)　(b)　(c)

图 1–78　主变压器 110kV 侧 C 相套管放电情况

（a）套管外部；（b）套管瓷套内侧；（c）套管电容芯放电部位

从套管解体情况来看，1 号主变压器 110kV 侧 C 相套管绝缘子内部有明显放电痕迹，放电区域位于套管电容屏零屏与一屏之间。如图 1–78 所示，套管电容屏由 25 层电容串联而成，每层电容承受 $110/\sqrt{3}/25=2.54\text{kV}$ 的电压，当零屏与一屏之间的绝缘强度降低时，会产生局部放电，长期的局部放电使电容屏烧蚀短接，同时变压器油被分解产生一定的气体，降低电容屏间的绝缘强度。剩余电容屏不能承受工作电压，在瓷套内壁发生闪络放电，故障电流沿电容屏绝缘、瓷套内表面、接地法兰形成主放电通道，在瓷套内部留下长条形放电痕迹（见图 1–79）。当套管内部绝缘油受热急剧膨胀，压力过大，套管炸裂，故可以确定此次事故的故障源位于 110kV 侧 C 相套管零屏与一屏之间。

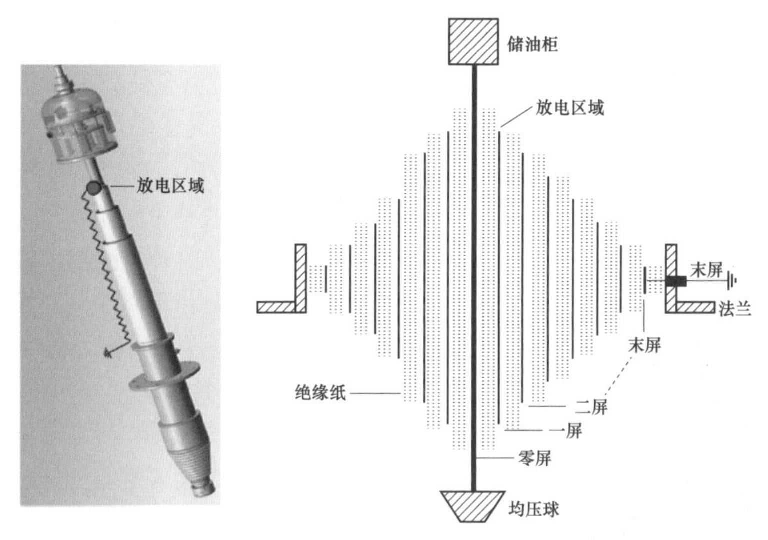

图 1-79 主变压器 110kV 侧 C 相套管放电路径

2. 缺陷处理

为了进一步查明套管电容屏击穿的原因，对该故障套管进行解体检查。套管储油柜的结构如图 1-80 所示，由压紧弹簧、油位观察窗、注油孔组成，压紧弹

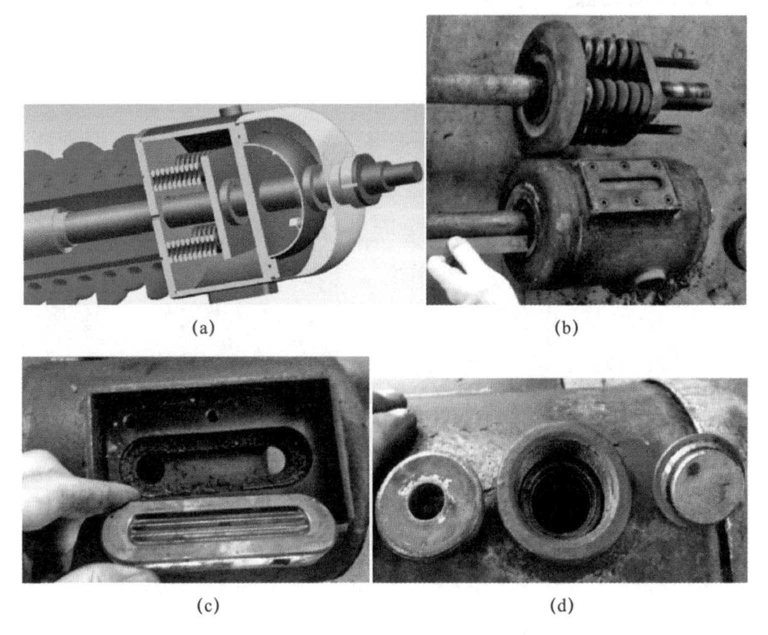

图 1-80 套管储油柜结构

（a）模型图；（b）压紧弹簧；（c）油位观察窗；（d）注油孔

簧的作用是保证储油柜、上节绝缘子、法兰、下节绝缘子压紧且具有一定的弹性，以补偿导电杆的伸缩，油位观察窗供观察油位使用，注油孔供套管缺油时补加油使用。该套管型号为 BRDLW－110/630－3，1999 年 5 月生产，经厂家反映，该批次套管注油孔胶垫存在一定的质量缺陷，易老化变形，导致套管密封不严。

图 1－81　套管进水路径

当套管储油柜注油孔胶垫密封不严，在昼夜温差比较大的情况下最易受潮，白天温度高，套管密封性比较好，在套管内部压力作用下将空气压缩成水分，晚间温度低，套管内部又呈现负压将外部空气吸入套管内部。如图 1－81 所示，当水分进入储油柜，顺着导电杆流下，在零屏与一屏之间积聚，导致油纸绝缘受潮绝缘水平下降，造成局部放电，零屏与一屏之间电容击穿，在套管内部留下放电痕迹。虽然在上次例行试验中，套管高压和油化数据合格，未显示有进水受潮现象，仅代表当时套管的绝缘状况良好。胶垫是 1999 年 5 月生产的，使用了 15 年，由于绝缘材料老化前期是线性的、缓慢的，当超过临界阈值时，其老化是非线性的，绝缘老化速度加剧，再加上产品质量缺陷，在很短的时间内，胶垫会老化变形，套管进水受潮。

3. 缺陷原因

（1）套管缺油。如果套管缺油，其高位的内瓷壁和电容芯子将裸露在空气中。由于空气的电气性能远较变压器油差，内瓷壁和电容芯子的表面有可能发生沿面放电。如果沿面放电继续增大。放电电流也增大，能引起热游离，从而发展成滑闪放电。当贯通两极时，就产生沿面闪络，形成火花放电或电弧放电。这时将产生大量气体，因油纸电容式套管属于少油设备，本身体积小，无防爆炸装置，所以沿面放电产生的高温气体可能导致套管爆炸。

套管缺油主要是因为内部变压器油的渗漏，从渗漏情况看，一类是外漏，即内部油向外部渗漏并且外部含有水分的气体渗漏入内部油中；另一类内漏，渗漏面的两侧均为油，当套管下部密封不良时，套管中油向本体中漏。在上次的例行试验中，套管电容量和介质损耗因数合格，例行试验中对套管的油位进行检查，在正常范围内。运行人员在例行的巡检、红外热像检测显示，1 号主变压器套管外部无渗漏油，油位正常，故可以排除套管外漏的可能性。如果套管内漏，套管内的油与本体是相通的，当套管内部发生长期的局部放电，产生大量气体，本体内压力瞬时突增，产生很大的油流向储油柜方向冲击，本体重瓦斯保护动作切除故障；如果本体内压力过大，压力释放器动作切除故障，而不会引起套管的爆炸起火，故可以排除套管内漏的可能性。

（2）末屏接地不良。如果末屏接地不良，会造成末屏低能放电，经过长时间向内发展，烧蚀短接了外部几层电容屏，剩余电容屏电场强度改变，不能承受工作电压，在剩余电容屏间先贯通放电，经中间屏传至小套管处对地放电，在套管内部会产生大量气体，内部压力过大导致套管爆炸。在上次的例行试验中，套管末屏绝缘电阻合格，主电容和介质损耗因数正常，如果末屏接地不良，会出现套管介质损耗因数不合格，套管电容量异常等情况。对故障套管解体发现，末屏接地外观良好，接地螺帽未发现高温烧结痕迹，同时，套管内部放电区域未在末屏附近，可排除末屏接地不良导致套管故障的可能性。

（3）过电压。故障发生时刻，变电站无操作工作，周边地区无雷电放电记录，由于事故是在正常运行电压下发生的，可排除大气过电压或操作过电压引起套管故障的可能性。

（4）产品质量工艺。产品质量工艺方面的问题可能有：所用电容屏间绝缘纸质量差，不能长时间满足正常绝缘性能的要求或干燥不彻底，绝缘纸内部残留有水分。套管制造工艺控制不严，绝缘纸包装不够紧实严密，铝箔纸表面不够光洁，有毛刺和微小裂纹。电容屏设计不合理，如导致某一电容屏间分压太高，长时间高电压导致绝缘击穿。对套管进行解体检查，均未发现上述产品质量工艺方面的问题。

4. 结论与建议

（1）加强对充油套管的巡检，重点检查套管油位是否正常，外部有无渗漏油，防止套管油位过低和进水受潮。

（2）利用停电机会检查套管注油孔胶垫是否老化变形，是否有漏油痕迹，如有及时更换，同时，套管注油孔胶垫拆卸后不宜继续使用。

（3）加强对套管的红外热像检测，特别是负荷高峰期间，以便及早地发现套管缺油、过热及接头发热等故障隐患。

（4）加强套管制造过程的质量控制及提高工艺水平，特别是套管真空干燥、水分控制，生产过程的细微缺陷在运行中可能突变发展为爆炸的恶性事故。

110kV 变压器设计原因引起受潮故障

一、案例简介

2011 年 8 月，某公司化学专业在对 110kV 某变电站开展例行试验，色谱分析发现大量主变压器氢气超标，出现痕量乙炔，疑似受潮。由于涉及变压器大部分为某变压器2008～2011年产品，怀疑为设计缺陷，在变电检修工区检修专业进行现场停电诊断发现问题变压器储油柜上侧衬垫位置下移，存在受潮进水的情况，随即开展专项治理工作，分批次对同类型缺陷变压器进行停电诊断和返厂维修。

二、案例分析

1. 缺陷查找

该类型变压器投运后短时间内出现色谱异常，主要集中在室外变电站，见表1-45和表1-46。色谱特征气体表现为氢气增长异常，短时间内超过注意值，部分主变压器出现痕量乙炔。三比值编码为010，表征为高湿度、高含气量引起的油中低能量密度的局部放电。虽然微量水分测试正常，但是鉴于微量水分反应的是油中微水，固体绝缘材料容纳水的能力远大于油，目前色谱分析中氢气上涨幅度大，速度快，不排除绝缘受潮的可能。

表1-45　2号主变压器色谱、微水测试数据

取样说明	试验日期	H_2 (μL/L)	CO (μL/L)	CO_2 (μL/L)	CH_4 (μL/L)	C_2H_4 (μL/L)	C_2H_6 (μL/L)	C_2H_2 (μL/L)	总烃 (μL/L)	微水 (mg/L)	结论
验收	2011年3月27日	未检出	14.4	199.2	0.5	未检出	未检出	未检出	0.5	/	正常
（高试后）	2011年4月2日	1.0	3.5	111.8	0.2	未检出	未检出	未检出	0.2	6.1	正常
中部	2011年8月19日	376.9	289.8	740.4	17.1	1.0	2.4	未检出	20.5	12.4	$H_2>150$
下部		403.3	306.2	744.4	17.7	1.0	2.6	未检出	21.3	11.8	$H_2>150$
中部	2011年8月22日	388.6	294.0	700.0	17.8	1.0	2.3	未检出	21.1	10.0	$H_2>150$
下部			295.5	704.3	18.4	1.0	2.4	未检出	21.8	8.4	$H_2>150$
中部	2011年8月26日	385.0	324.2	780.8	17.9	1.0	2.5	未检出	21.4	6.4	$H_2>150$
下部		402.7	325.8	768.1	17.9	1.0	2.5	未检出	21.4	9.5	$H_2>150$
中部	2011年8月31日	345.9	297.3	703.0	16.7	1.0	2.4	未检出	20.1	6.4	$H_2>150$
下部		370.6	316.9	796.6	18.3	1.0	2.6	未检出	21.9	10.1	$H_2>150$

续表

取样说明	试验日期	H_2（μL/L）	CO（μL/L）	CO_2（μL/L）	CH_4（μL/L）	C_2H_4（μL/L）	C_2H_6（μL/L）	C_2H_2（μL/L）	总烃（μL/L）	微水（mg/L）	结论
中部	2011年9月8日	408.0	322.1	725.0	19.0	1.0	2.6	未检出	22.6	4.3	H_2>150
下部		417.4	329.6	744.0	19.5	1.0	2.8	未检出	23.3	3.9	H_2>150
处理后	2011年9月20日	未检出	15.2	123.7	0.4	0.1	未检出	未检出	0.5	/	正常

表1-46　　1号主变压器色谱、微水测试数据

取样说明	试验日期	H_2（μL/L）	CO（μL/L）	CO_2（μL/L）	CH_4（μL/L）	C_2H_4（μL/L）	C_2H_6（μL/L）	C_2H_2（μL/L）	总烃（μL/L）	微水（mg/L）	结论
验收	2011年4月13日	1.9	2.9	135.6	0.3	未检出	未检出	未检出	0.3	\	正常
（高试后）	2011年04月19日	未检出	5.4	189.4	0.5	0.3	0.1	未检出	0.9	7.7	正常
中部	2011年8月19日	426.6	415.6	1268.4	15.5	1.9	2.5	痕量	19.9	13.6	H_2>150
下部		420.3	408.4	1256.5	16.2	2.0	2.6	痕量	20.8	10.9	H_2>150
中部	2011年8月23日	476.6	471.5	1350.6	17.9	2.1	2.7	未检出	22.7	8.8	H_2>150
下部		450.5	446.7	1304.5	17.5	2.0	2.7	痕量	22.3	10.0	H_2>150
中部	2011年8月26日	450.5	446.7	1304.5	17.5	2.0	2.7	痕量	22.3	10.0	H_2>150
下部		458.4	438.4	1270.3	18.2	2.0	2.8	未检出	22.9	5.3	H_2>150
中部	2011年9月7日	428.3	449.6	1341.6	17.2	2.0	2.8	未检出	22.8	6.9	H_2>150
下部		503.4	557.5	1560.6	20.7	2.1	3.1	痕量	25.9	13.0	H_2>150
中部	2011年9月23日	511.9	569.6	1614.0	21.2	2.2	3.2	痕量	26.6	12.3	H_2>150
下部		584.1	592.1	1571.2	21.7	2.2	3.1	痕量	27.0	10.4	H_2>150
中部	2011年10月10日	573.2	583.7	1412.0	23.1	7.1	3.5	痕量	28.7	13.4	H_2>150
下部		628.1	295.3	1568.9	24.8	2.2	3.6	未检出	30.6	12.1	H_2>150
处理后	2011年11月2日	631.0	599.0	1418.3	25.3	2.1	3.8	未检出	31.2	13.5	H_2>150

图 1－82　储油柜缺陷

2. 缺陷处理

2011 年起，该公司变电检修工区对受潮变压器逐步进行停电检修，发现问题变压器储油柜上侧衬垫位置下移，存在受潮进水的情况，如图 1－82 所示。

此次故障是由于变压器储油柜设计缺陷引起，该公司在 2013 年 6 月 30 日前对相关变压器安排停电，完成变压器储油柜结构的排查整改，对存在问题的储油柜加装内挡条，更换密封胶垫，并按工艺检查恢复储油柜密封，防止假油位、阀门关闭等隐患发生。

110kV 变压器油中溶解气体异常的分析与处理

一、案例简介

2016 年 7 月 8 日，某供电公司电气试验班对在线油色谱数据进行查看时发现某变电站 2 号主变压器油中气体含量异常增大，其中 C_2H_2 为 9μL/L，总烃为 259.9μL/L，7 月 8 日取油样进行油色谱的离线分析，C_2H_2 为 19.6μL/L，总烃为 463.1μL/L，7 月 9 日，电气试验班对该主变压器进行诊断性试验，电气试验数据与 2014 年 10 月 22 日例行试验数据进行对比并无明显变化，未发现异常，7 月 11～12 日，检修试验与××电气有限公司技术人员对 2 号主变压器进行局部放电带电测试，未检测到局部放电信号，2016 年 8 月 5 日进行返厂大修。该变压器生产于 2005 年 9 月，2006 年 12 月 7 日投运，2010 年 12 月 14 日短路冲击后返厂大修，于 2011 年 1 月从新投运。其中冷却方式为自然油循环风冷，额定电压 110/38.5/10.5kV，额定容量 50000/50000/50000，联结组别 YN/yn0/d11。

二、案例分析

1. 缺陷查找

7 月 8 日发现在线色谱数据（见表 1－47）异常后，现场于 7 月 8 日、7 月 9 日取油样进行离线比对，离线数据（见表 1－48）。

表 1-47　在线色谱数据　单位：μL/L

日期	H_2	CO	CO_2	CH_4	C_2H_6	C_2H_4	C_2H_2	总烃
2016年7月3日	14	69	3085.1	47.7	10.3	20.9	0	78.9
2016年7月5日	14	68.3	2979.6	84.5	18.8	147.6	9	259.9
2016年7月6日	16.9	69.3	3085.1	76.6	16.6	76.6	5.7	175.5
2016年7月8日	12.6	70	3106.2	75.9	16.2	75.2	5.4	172.7

表 1-48　离线色谱数据　单位：μL/L

日期	H_2	CO	CO_2	CH_4	C_2H_6	C_2H_4	C_2H_2	总烃
2016年7月8日	726.7	133.3	2645.8	154.3	29.5	243.2	19.6	463.1
2016年7月9日	717.7	139.7	2641.5	151.3	27.6	237.7	17.8	434.5

7月9日，电气试验班对该主变压器进行诊断性试验，电气试验数据与2014年10月22日例行试验数据进行对比并无明显变化，未发现异常，同时油中微水含量试验正常。

7月11日和12日，检修试验与某公司技术人员对2号主变压器进行局部放电带电测试，未检测到局部放电信号。

2. 缺陷处理

2016年8月5日进行返厂大修。在某变压器厂进行吊罩，拔绕组检查，检查情况如下：

铁芯上轭和心柱硅钢片大级、次大级共5～6级部分颜色变深偏黑，其下部撑紧铁芯的绝缘垫块及纸板颜色变黑，有明显碳化现象，为长期过热所至，如图1-83～图1-85所示。

图 1-83　铁芯上轭碳化现象

图 1－84　芯柱硅钢片碳化现象

图 1－85　铁芯（上轭部分）绝缘纸板存在高温过热痕迹

中压绕组 A、B、C 相端部线饼绝缘破损，露铜现象较重，绕组变形，如图 1－86 和图 1－87 所示。

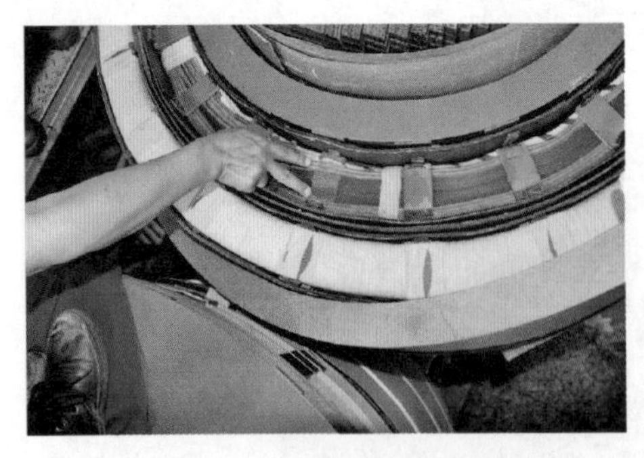

图 1－86　A 相中压侧绕组变形

图 1－87　线饼间露铜现象

A、B、C 相整体绕组发现垫块有部分脱落情况，等分出现偏差，绕组有位移现象，如图 1－88 所示。

图 1－88 撑条滑落，垫块移位

绕组结构存在缺陷，低压绕组没有硬纸筒（厚 4mm 或 5mm）作为支撑，抗短路能力薄弱。原中、低压绕组采用普通电磁导线，抗短路能力较差。调压绕组纸筒存在明显的高温碳化痕迹。调压绕组上下端部为多层垫块支撑，未采用硬纸筒作为支撑，整体稳定性较差，抗电动力强度差。拆卸过程中发现铁芯夹持结构缺陷，绝缘件厚度不够，铁芯夹持不紧，上铁轭呈扇形状。

根据以上检查情况及分析，变压器绕组结构及绕组受损状况，此变压器绕组不能修复使用，同时也不能消除气体含量增加的缺陷，需按现有新结构及技术参数重新设计更换所有绕组及绝缘件，整体提高抗短路能力。

3. 结论与建议

（1）故障类型判断。三比值法对 7 月 9 日离线油色谱数据进行三比值分析，编码为 002，故障性质为高温过热（高于 700℃）故障。特征气体法，油中的故障特征气体烃类以 C_2H_4、CH_4 为主，C_2H_4 的含量远大于 CH_4 含量，有一定量的乙炔，初步判断为高温过热。

（2）故障原因。由于变压器绕组结构不合理、绕组材料、绝缘材料不合适导致在变压器运行中，抗电动力强度差、抗短路能力弱。

35kV 变压器有载调压开关故障处理

一、案例简介

2010 年 8 月 13 日晚，×× 供电局 35kV ×× 变电站 1 号主变压器跳闸，有载调压开关防爆玻璃破裂、喷油。对主变压器进行检查，对有载调压开关芯子进行检查时，发现在 3 挡时，A、B 相之间有一处明显的放电痕迹。进行处理后，经过高压、油化试验合格后，恢复运行。

二、案例分析

1. 缺陷查找

对主变压器本体及有载调压开关进行高压试验，试验结果正常。提取本体及有载调压开关油样进行分析，经试验主变压器本体油样正常，但有载调压开关油样异常，油耐压值为 18kV（规定值为 30kV），而且油中含有大量碳黑。

2. 缺陷处理

（1）有载调压开关检查处理。将有载调压开关芯子吊出检查，发现在 3 挡时，A、B 相之间有一处明显的放电痕迹，绝缘胶板被烧黑，如图 1－89 所示。

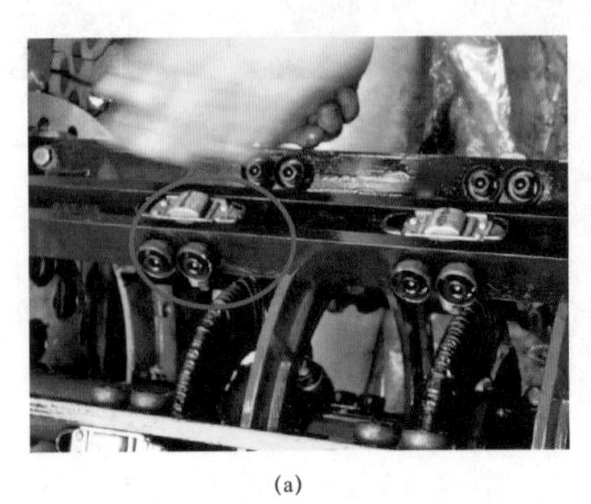

(a)

(b)

图 1－89　有载调压开关芯子检查

（a）相间放电痕迹情况；（b）烧损情况

（2）有载调压开关油样分析，击穿电压 18kV，且有载调压开关炭黑严重，有载调压开关油箱壁上有明显油泥，如图 1－90 所示。

(a)

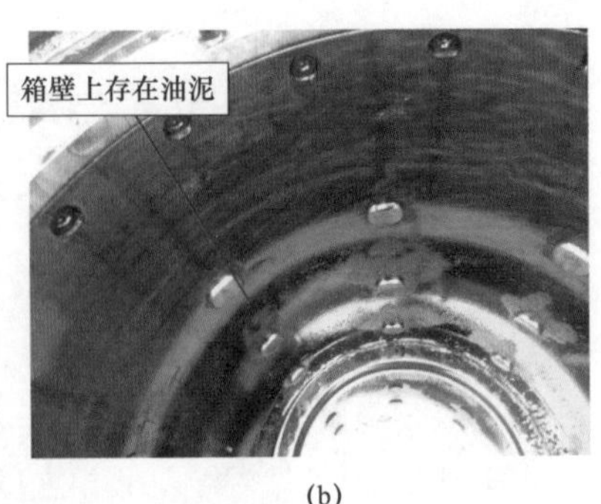

(b)

图 1－90　有载调压开关油样分析

（a）有载调压开关油（炭黑严重）；（b）箱壁上存在油泥

对放电处绝缘胶板进行打磨处理，烘干后刷绝缘漆，并对有载调压开关芯子进行油冲洗，更换有载调压开关油。对主变压器本体及有载调压开关进行高压试验，试验结果正常；有载调压开关油耐压试验合格。

3. 缺陷原因

通过放电故障现象，分析原因如下：主变压器有载调压开关由于绝缘油劣化，炭黑严重，油耐压不合格（18kV），有载调压开关的桶臂上附着很多油泥，很容易引起相间短路故障。由于发生故障时发生了雷击，在雷击电流的冲击下，有载调压开关内绝缘油被击穿，造成相间（A、B 相）短路，从而引起主变压器跳闸，有载调压开关防爆玻璃破裂、喷油。

4. 结论与建议

严格按照 Q/GDW 1168—2013《输变电设备状态检修试验规程》中 5.1.1.10 条的要求，有载分接开关检查项目，35kV 变压器有载调压开关在一个周期内（4 年）必须进行油质试验：要求油耐受电压≥30kV；不满足要求时，需要对油进行过滤处理或者换新油。

35kV 变压器安装工艺导致内部悬浮放电分析

一、案例简介

某变电站 1 号主变压器，型号为 SZ9－6300/35，2006 年 2 月生产，2007 年 9 月 19 日投入运行。2014 年 4 月 29 日例行试验时发现该主变压器高压侧 A 相 3、4 挡直流电阻不平衡，2015 年 11 月，对该主变压器大修处理高压侧直流电阻不平衡缺陷。2016 年 5 月对该变压器本体开展色谱试验时，发现各项特征气体均大幅增长，其中乙炔、乙烯、总烃涨幅明显，三比值法显示主变压器内部可能存在高温过热缺陷。对变压器进行停电检查，发现导电连杆与内部接线有松动迹象，于是对其进行紧固，后测试直流电阻，其测试结果正常。

二、案例分析

1. 缺陷查找

（1）化学试验分析。2016 年 5 月 11 日再次进行变压器本体色谱跟踪试验，发现各项特征气体含量均出现了大幅增长，其中乙炔、乙烯、总烃气体含量涨幅明显，乙炔气体含量已达 19μL/L，乙烯气体含量已达 1400μL/L，总烃气体含量已达 2200μL/L，三比值法代码为 022，内部可能存在高温过热故障，可能由螺栓松动、铁芯多点接地等引起。历年油中溶解气体分析数据见表 1－49。

表 1－49　　　　　　　　历年油中溶解气体分析数据

试验日期	摘要	微水 H_2O（mg/L）	油中溶解气体组分及含量（μL/L）							
			H_2	CO	CO_2	CH_4	C_2H_4	C_2H_6	C_2H_2	总烃
2014 年 4 月 29 日	例检	8	8.31	228.28	3237.53	9.77	3.31	4.49	0	17.59
2015 年 5 月 11 日	例检	9	5.69	239.14	4623.48	8.59	1.78	1.67	0	12.04
2015 年 11 月 26 日	大修后	5.6	0.31	2.14	241.24	0.3	0.05	0.05	0	0.4
2016 年 5 月 11 日	跟踪		403.46	103.21	1415.47	640.92	1433.15	185.69	19.89	2279.65
			393.02	101.73	1415.47	635.99	1425.45	184.74	19.72	2265.9
2016 年 5 月 11 日	复样		386.42	104.45	1394.9	628.61	1394.9	182.61	19.35	2225.47
2016 年 5 月 13 日	过滤后		0.46	0.68	124.44	1.05	1.65	0.23	0.05	2.98
2016 年 5 月 14 日	耐压后		5.49	1.68	121.81	2.61	4.21	0.48	0.16	7.46
			4.42	1.32	142.44	2.26	4.35	0.44	0.14	7.19
2016 年 5 月 16 日	投运 24h		15.21	5.73	229.5	11.11	21.94	2.46	0.66	36.17
			15.71	4.89	194.87	10.69	23.69	2.73	0.71	37.82
2016 年 5 月 17 日	投运 48h		20.58	11.89	259.26	14.15	25.6	2.99	0.92	43.66
			15.38	7.69	234.06	12.47	28.75	3.29	1.05	45.56
2016 年 5 月 20 日	跟踪		16.79	10.05	357.1	12.71	29.47	3.17	1.21	46.56
			16.43	10.51	292.17	12.61	28.82	3.14	1.23	45.8

（2）高压试验分析。随后停电进行了低压空载损耗、绝缘电阻、绕组变形、绕组直流电阻、本体介质损耗、变比试验，测试结果发现低压侧绕组直流电阻不平衡，不平衡率已达 3.7%，超过标准，其他试验项目均合格，见表 1－50。

表 1－50　　　　　　　　低压绕组直流电阻

日　　期	R_{ab}（mΩ）	R_{bc}（mΩ）	R_{ca}（mΩ）	不平衡率（标准：1%）
2015 年 11 月 26 日（折算油温 20℃）	75.22	75.37	75.28	0.20%
2016 年 5 月 12 日（油温 40℃）	81.61	81.76	78.64	3.70%
2016 年 5 月 14 日（折算油温 20℃）	75.64	75.74	75.64	0.13%

2. 缺陷处理

经分析，认为低压侧 B 相直流电阻有较大变化，于是对 B 相进行检查，发现导电连杆与内部接线有松动情况，如图 1－91 所示。

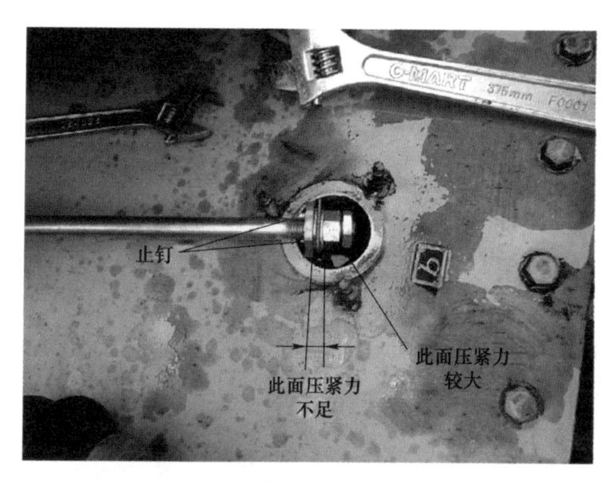

图 1-91 导电连杆与内部接线松动

该变压器在 2015 年大修后，经过试验合格后投入运行，在运行半年的时间内低压绕组的接头又出现接触不良，原因是引线接头螺栓采用的并帽结构，在运行中电动力的作用下容易产生松动。

如图 1-92 所示，紧固螺母后，进行直流电阻测试，试验数据合格。投运后，对该主变压器进行油中溶解气体分析，试验数据合格。

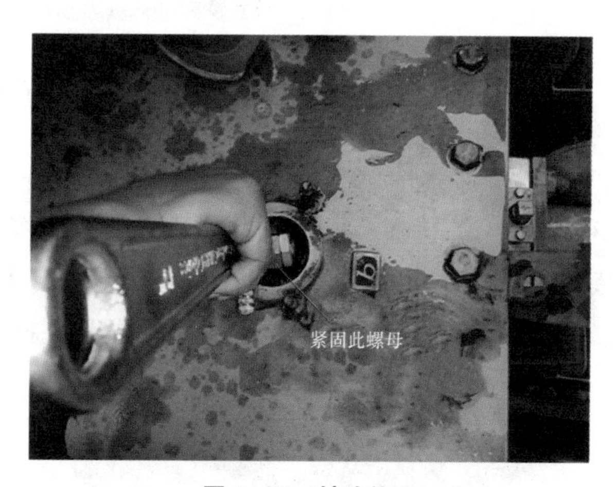

图 1-92 缺陷处理

3. 结论与建议

（1）严格执行 DL/T 573—2010《电力变压器检修导则》。

（2）设备大修完成后应加强对检修设备的日常巡视及监视工作。

（3）建议对新购变压器要求制造厂对引线接头不采用该结构连接方式。

10kV 接地变压器故障分析

一、案例简介

2017 年 4 月 22 日，某站接地变压器过电流保护动作，接地变压器发生绝缘击穿故障；至 2017 年 6 月，某公司共发生 3 起 10kV 干式接地变压器击穿故障，故障位置及故障现象均完全一致。故障变压器均为环氧电浇注干式结构，型号主要为DKSC－1200/10.5－200/0.4等，为2016年第一批国家电网公司集中招标产品，投运时间仅有数月。

二、案例分析

1. 缺陷查找

故障接地变压器故障部位如图 1－93 所示，绕组下端部树脂开裂，有放电痕迹。

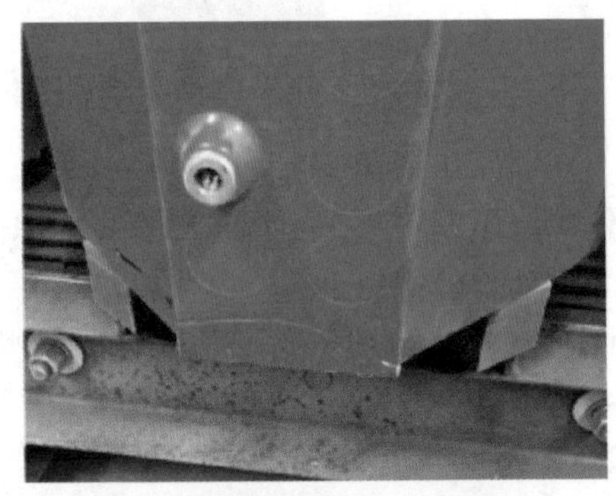

图 1－93 故障接地变压器端部树脂开裂

对 3 台故障变压器进行返厂解体检查，去除故障相树脂开裂部分，发现击穿位置均位于高压内绕组（移相绕组）引出线与外绕组（移相绕组）端部之间，如图 1－94 所示。

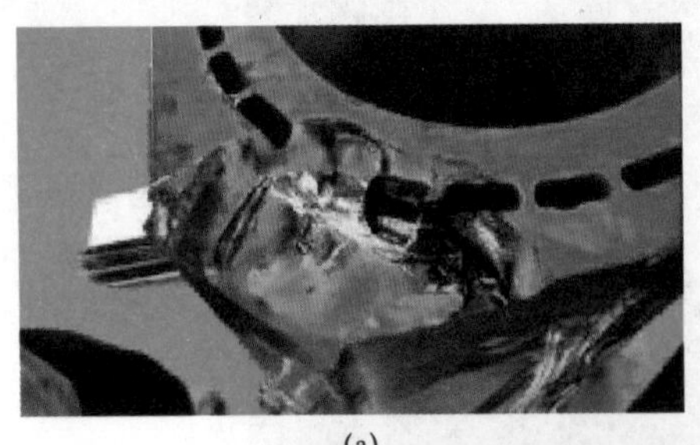

(a)

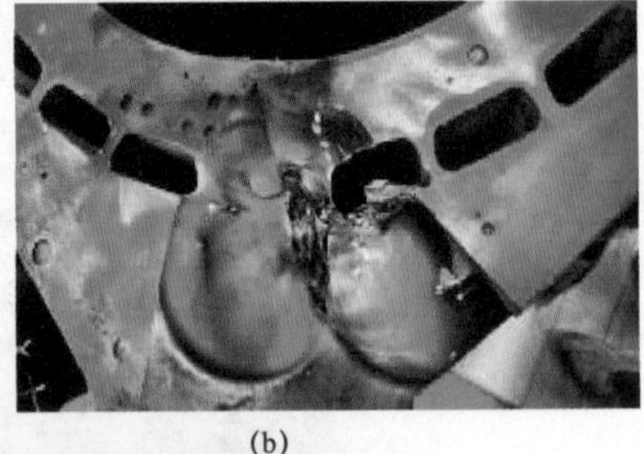

(b)

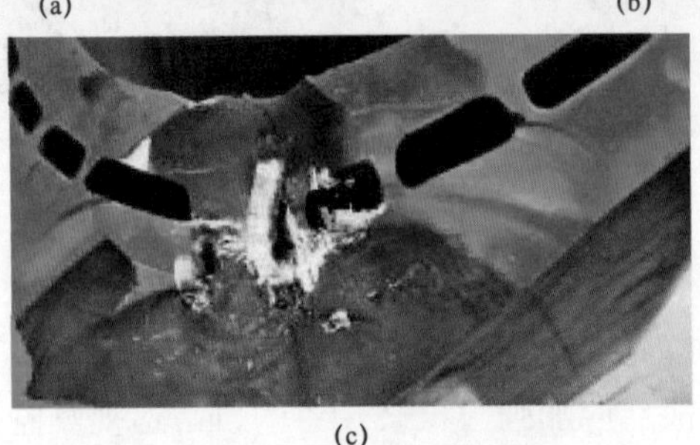

(c)

图 1－94 故障变压器击穿位置

（a）出厂编号 160175 变压器；（b）出厂编号 160174 变压器；（c）出厂编号 160129 变压器

测量击穿位置两绕组间的距离不超过 5mm，低于 20mm 的工艺要求。

2. 缺陷原因

由于该接地变压器为 Z 型变压器，高压绕组由移相绕组及调压绕组组成，其实物接线如图 1－95 所示。

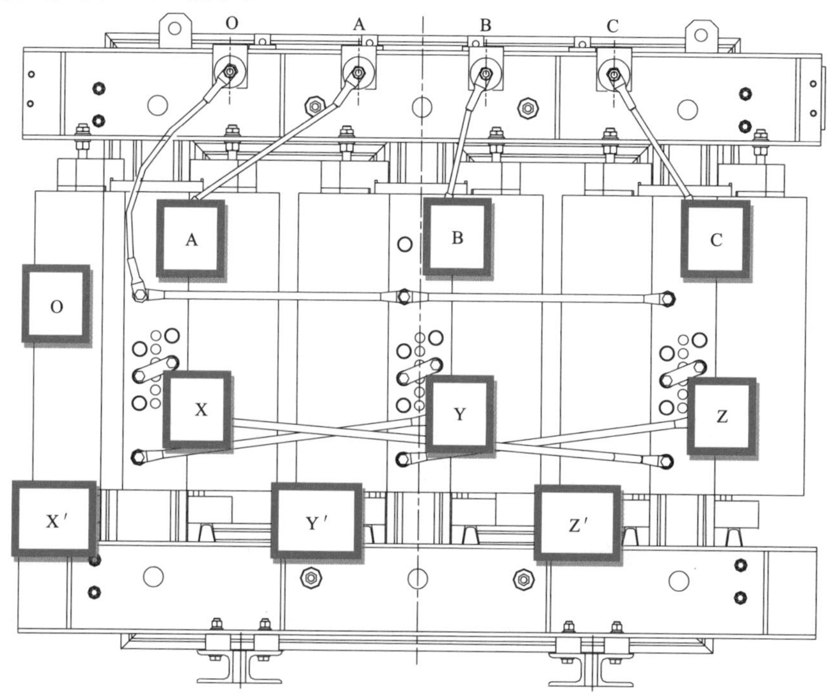

图 1－95 接地变压器接线图

该接地变压器电气接线图及电压相量如图 1－96 所示。正常运行时高压内绕组引出线与外绕组端部间的电压差为相电压，在该电压持续作用下，厚度不满足工艺要求的树脂绝缘快速劣化导致击穿。

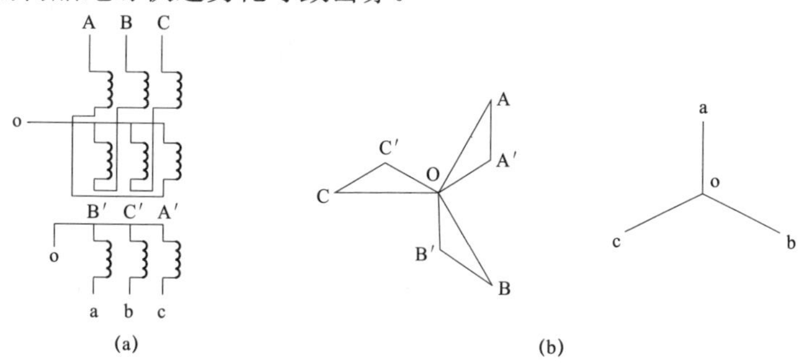

图 1－96 Z 型变压器电气接线及电压相量图

（a）电气接线图；（b）电压相量图

查看该批次产品的工艺过程记录文件，发现3台故障变压器故障相“引线装模”环节的“引线绝缘距离”工序均由同一员工操作。抽样对故障变压器中由其他员工操作的非故障相绕组进行解剖，内绕组引出线与外绕组端部间距离满足工艺要求。

该厂家出厂感应耐压及局部放电试验的发电机、隔离变压器、试验变压器、局部放电测试仪等试验设备完备，有简易屏蔽房，但受到园区内其他作业面的影响，正常上班时段局部放电背景噪声较大（约300pC）。从现场案例简介推断，出厂局部放电试验难以有效发现内绕组引出线与外绕组端部间距离不足的产品缺陷。

3. 结论与建议

变压器高压内绕组引出线与外绕组端部间绝缘距离不满足工艺要求、出厂试验未能发现缺陷，是本批次产品连续出现故障的根本原因。

立即更换该批次中仅剩余的1台该员工参与操作的变压器；建议对该员工进行技术培训，以保障其技能水平满足生产要求；加强生产过程质量管控，每个生产工序完成后进行交叉检查和质量检查。

极Ⅰ低端Y/Y－A相换流变压器重瓦斯动作跳闸故障分析

一、案例简介

2017年8月29日20:35:02，±800kV××换流站极Ⅰ低端Y/Y－A相换流变压器网侧高压套管升高座气体继电器轻瓦斯保护报警，20:35:34重瓦斯保护跳闸，直流极Ⅰ低端阀组闭锁。该换流变压器型号为ZZDFPZ－406000/500－400，2014年7月投运；换流变压器网侧高压套管型号为GOE 1675－1300－2500－0.3，2017年2月进行年检后运行至今。

二、案例分析

1. 缺陷查找

根据保护动作情况，宜宾站值班人员对极Ⅰ低端Y/Y－A相换流变压器网侧高压套管升高座气体继电器检查，发现轻瓦斯、重瓦斯浮球已掉落，内部集聚有气体。其他部位未见异常，最近一次（19:25）的在线油色谱数据未见异常。

故障录波显示，极Ⅰ低端换流变压器网侧三相电压、极Ⅰ低端 YY 换流变压器网侧首端、尾端套管三相电流无异常；查阅该台换流变压器 2017 年年检预试试验数据，未见异常。

该换流变压器跳闸退出运行后，电力科学研究院会同换流站技术人员对该换流变压器的套管、套管升高座、顶部、底部四个位置取油进行色谱分析，油色谱数据见表 1－51。参照 DL/T 722—2014《变压器油中溶解气体分析和判断导则》中三比值法判断原则，套管升高座及套管本体的特征气体三比值结果对应的故障类型为电弧放电，初步判定在网侧套管升高座及网侧套管内部均有电弧放电故障。

表 1－51　　极Ⅰ低 Y/Y A油色谱数据

特征气体	部位单位（μL/L）				
	底部	顶部	套管升高座	套管	套管（复测）
甲烷	19.53	45.70	524.28	551.81	551.96
乙烯	23.66	81.4	1625.72	1671.1	1668.08
乙烷	4.29	10.36	270.5	244.02	235.42
乙炔	2.35	8.79	220.9	1153.76	1146.46
氢气	29.43	35.52	2001.45	1345.24	1347.45
一氧化碳	573.44	563.08	2187.79	521.48	513.5
二氧化碳	3370.17	3380.28	8033.21	1230.96	1202.43
总烃	49.83	146.25	2641.4	3620.69	3601.92

现场检查发现套管将军帽内部有烧蚀痕迹，拉杆螺栓头部有多处烧伤并有黑色油污，如图 1－97 所示。套管起吊后发现接线端子与拉杆脱开，套管底部接线端子内部螺纹局部损坏，如图 1－98 所示。

图 1－97　将军帽内拉杆顶部螺杆烧蚀情况

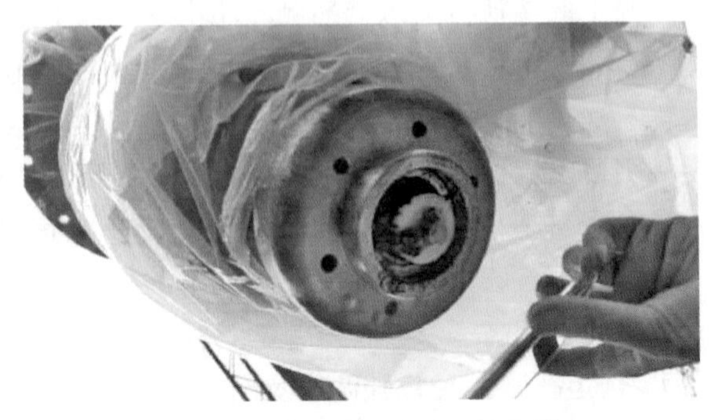

图 1－98 出线端子内螺纹损坏情况

接线端子上表面、套管根部下表面有两处烧蚀点，出线装置外壳上表面、接线端子上表面、套管根部有大量聚四氟乙烯（拉杆导向锥的主要成分）碳化后的黑色残留物，如图 1－99 所示。

图 1－99 聚四氟乙烯碳化残留物散落情况

2. 缺陷原因

为进一步查明该故障换流变压器套管的故障原因，9 月 14 日进行了解体分析，解体前对套管油进行介质损耗及电容量试验，未发现明显异常。解体后，发现拉杆导向锥烧融，拉杆、拉杆补偿管、油密封管均出现不同程度的烧蚀，如图 1－100 所示。

该套管为油纸绝缘，瓷套外护套、导流杆内有一钢制拉杆，钢制拉杆由几段细钢管通过螺纹拧紧组装，一端与出线端子连接；另一端通过螺栓紧固在定位杆上，运行中不应通过负荷电流。

综上，本次故障根本原因为套管拉杆导流。分析导流原因为拉杆顶部安装力矩没有控制好，引起底部接线端松动接触电阻（接线端子与导流杆之间）增加，

图 1-100 拉杆、拉杆补偿管及油密封管的烧蚀情况

造成拉杆分流，拉杆、拉杆补偿管、油密封管间狭小间隙因电位差出现放电，产生气体顶开底部接线端子，同时造成轻瓦斯保护报警和重瓦斯保护动作跳闸；拉杆分流时造成拉杆补偿管和油密封管电弧烧蚀，电弧产生气体通过烧蚀孔进入套管内部，如图 1-101 所示。

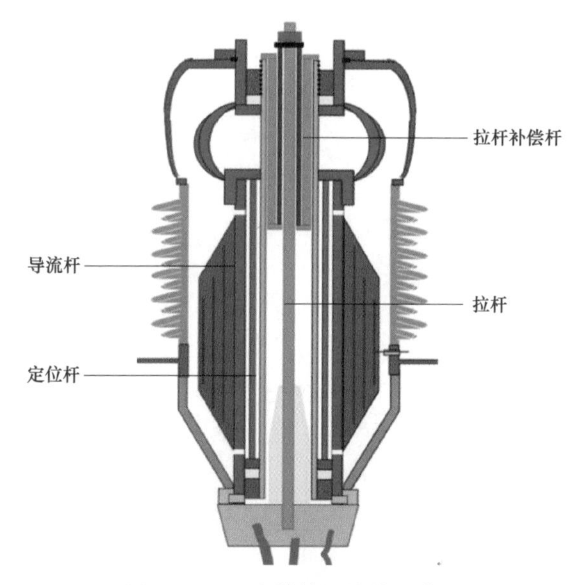

图 1-101 套管简要结构示意图

另外也可能由于套管设计的原因，其拉杆在运行过程中受电磁振动作用下，拉杆与拉杆补偿管、油密封管接触放电，产生大量气体顶开底部接线板，进而引起拉杆分流放电。

3. 措施及建议

（1）建议加强网侧套管升高座离线油色谱数据监测，对所有该结构套管结合厂家给出的方案进行排查。

（2）为防止拉杆在运行中受电磁振动的影响，建议将拉杆中部及中间活结部位用绝缘定位环撑紧。

（3）在现场安装方面，建议运维单位加强现场安装施工技术监督，规范安装操作，严格按照图纸要求施工。

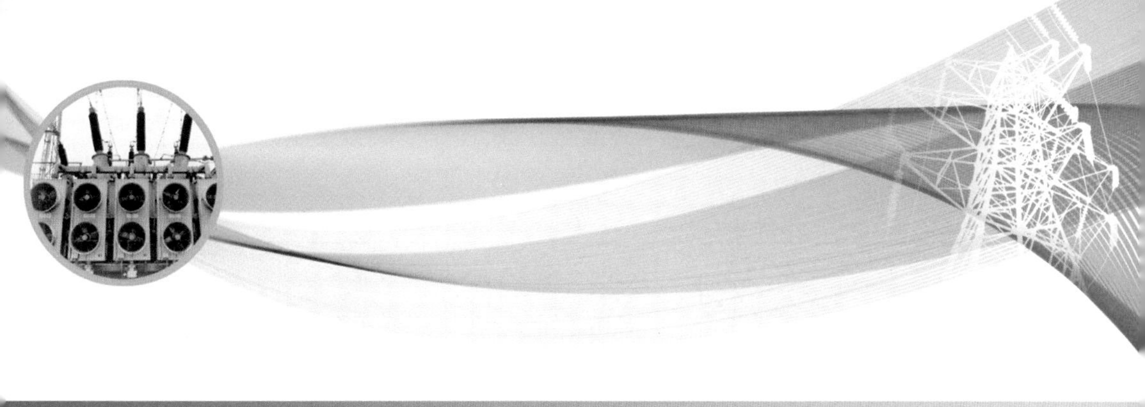

第二章　电流互感器

500kV 变电站电流互感器主绝缘缺陷

一、案例简介

2016 年 11 月，某变电站 500kV 电流互感器交接试验，编号为 16004800－8 的电流互感器进行交流耐压试验，当试验电压为 440kV 时，发生击穿，再次试验的击穿电压下降为 150kV。油中溶解气体分析结果显示其 C_2H_2 含量为 33.02μL/L。该互感器型号为 CA－550，额定绝缘水平为 550/740/1550/1175kV。

二、案例分析

1. 缺陷查找

为理清故障原因，杜绝隐患设备投入生产运行，将包括故障设备在内的 3 只电流互感器返厂进行试验及解体检查。

对 3 只电流互感器进行系列绝缘试验，试验项目及结果见表 2－1。互感器 16004800－8 在试验电压为 100kV 时局部放电量持续显著上升，在 20s 内从约 300pC 上升至超过 1000pC；在 10～100kV 的试验电压下，介质损耗及电容量未见异常。电流互感器 16004800－4、16001973－44 依次经历工频耐压、局部放电、介质损耗、雷电冲击、工频耐压、局部放电试验，试验结果均未见异常，且绝缘试验前后油色谱分析未见乙炔。

表 2－1　　电流互感器绝缘试验结果

试验项目 \ 设备编号	16004800－8	16004800－4	16001973－44
油色谱	33.33μL/L（乙炔）	未检出（乙炔）	未检出（乙炔）

续表

试验项目＼设备编号		16004800－8	16004800－4	16001973－44
二次绝缘（2.75kV）		无异常	无异常	无异常
末屏绝缘（2.75kV）		无异常	无异常	无异常
工频耐压（740kV、1min＋550kV、5min）		—	无异常，740kV 时局部放电量小于 10pC	无异常，740kV 时局部放电量小于 10pC
局部放电试验		66kV 时 120pC；90kV 时 170 pC；100kV 时 300pC，随后 20s 内上升至超过 1000pC	550kV 和 381kV 时均小于 10pC	550kV 和 381kV 时均小于 10pC
高压介质损耗	10kV	0.21%，1363.74pF	0.22%，1359pF	0.25%，1348.6pF
	50kV	0.21%，1363.84pF	—	—
	80kV	0.21%，1363.8pF	—	—
	100kV	0.21%，1363.8pF	—	—
	159kV	—	0.22%，1359.8pF	0.26%，1348.9pF
	318kV	—	0.227%，1360pF	0.231%，1349.1pF
一次端额定雷电冲击耐压试验（＋1550kV、3 次，－1550kV、3 次）		—	无异常	无异常
工频耐压（740kV、1min＋550kV、5min）		—	无异常，740kV 时局部放电量小于 10pC	无异常，740kV 时局部放电量小于 10pC
局部放电试验		—	550kV 和 381kV 时均小于 10pC	550kV 和 381kV 时均小于 10pC
油色谱		36.83μL/L（乙炔）	未检出（乙炔）	未检出（乙炔）

对互感器 16004800－8 进行解剖检查，其末屏、二次引线、等电位连接线均可靠连接，器身外部未见放电痕迹（见图 2－1），但头部内侧有异常黑色斑点（见图 2－2）。经进一步解剖，发现器身头部内侧主绝缘有贯穿性放电通道，主绝缘中部放电最为严重（见图 2－3），铁芯罩壳内侧有黑色电灼伤点（见图 2－4）。

图 2－1　互感器器身

图 2－2　头部内侧黑色斑点

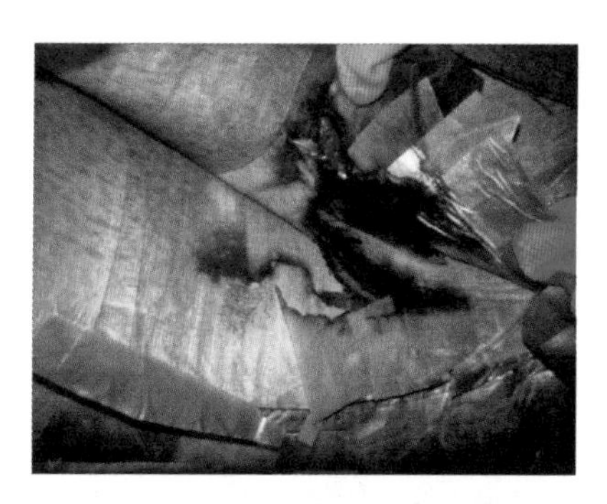

图 2-3　主绝缘击穿位置

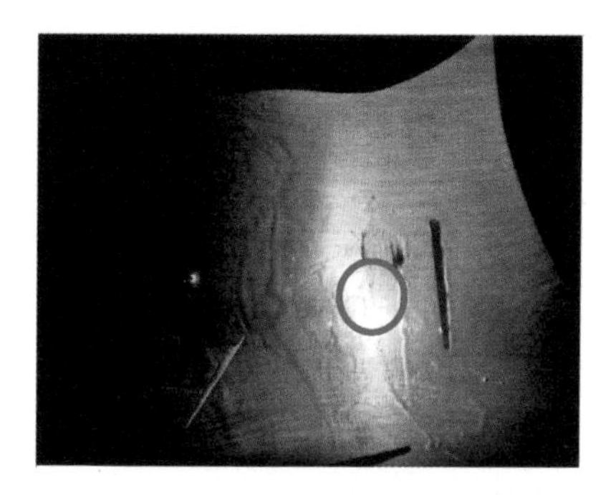

图 2-4　铁芯罩壳放电点

经分析，由于工艺控制缺陷，在主绝缘绕制过程中可能有导电杂质进入主绝缘中，局部场强发生畸变导致绝缘放电劣化，但放电量并未达到出厂试验的局部放电检出水平，而出厂耐压及局部放电试验促使放电进一步沿电场线分别向高、低压电位发展，最终在现场交接试验条件下导致主绝缘发生击穿。而同批返厂的其他两只互感器顺利通过了绝缘例行试验及雷电冲击型式试验，且绝缘试验前后油色谱分析均未检出乙炔，因此该故障互感器仅为某特定条件下的个别现象。

2. 结论与建议

对 110（66）kV 及以上电压等级的油浸式电流互感器，应逐台进行交流耐受电压试验，交流耐压试验前后应进行油中溶解气体分析。

500kV 变电站电流互感器返厂解体分析

一、案例简介

2016 年 11 月，按照工作安排，某检修公司完成 500kV 某变电站电流互感器更换工作，由某调试单位进行交流耐压试验。在对×一线 5053 断路器电流互感器进行试验过程中，升压至 440kV 时，被试品高压击穿；后再次对 A 相电流互感器进行重复试验，击穿电压下降为 150kV。该互感器型号为 CA-550，出厂序号为 16004800-8，额定绝缘水平 550/740/1550/1175kV。

二、案例分析

1. 缺陷查找

见“500kV 变电站电流互感器主绝缘缺陷”相关内容。

2. 结论与建议

由于工艺控制分散性，在主绝缘绕制过程中可能有导电杂质进入主绝缘中，局部场强发生畸变导致绝缘放电劣化，但放电量并未达到出厂试验的局部放电检出水平，而出厂耐压及局部放电试验促使放电进一步沿电场线分别向高、低压电位发展，最终在现场交接试验条件下导致主绝缘发生击穿。

同批返厂的其他 2 只互感器顺利通过了绝缘例行试验及雷电冲击型式试验，且绝缘试验前后油色谱分析均未检出乙炔，因此该故障互感器仅为某特定条件下的个别现象。

建议生产厂家加强工艺控制，避免绕制环节形成缺陷。建议供电公司继续按照反措要求，强化电流互感器出厂及现场交接验收试验，保障电网安全可靠运行。

500kV 变电站 5011 断路器 B 相电流互感器故障分析

一、案例简介

500kV 变电站 5011 断路器 B 相电流互感器型号为 LVBT－500；出厂编号为 B 相 20160024；出厂日期为 2016 年 4 月 30 日；投运日期为 2016 年 5 月 10 日；额定电流比 2×1250/1。

站内主接线如图 2－5 所示，变电站 500kV 共 4 串设备全部合环运行，1 号、2 号主变压器及桃龙一、二线，谭龙一、二线均正常运行，1 号主变压器 201 断路器运行于 220kV Ⅰ母，2 号主变压器 202 断路器运行于 220kV Ⅱ母。故障设备所在的第一串为 1 号主变压器及桃龙一线（1 号主变压器接 5011、5012 断路器，桃龙一线接 5012、5013 断路器）。故障前，站内无倒闸操作和检修工作，为全接线方式运行。

2016 年 5 月 16 日 3:54，变电站 1 号主变压器 1、2 号差动保护、差动速断保护动作，三侧断路器跳闸，同时现场伴随巨大响声。4:00 当值值班员向省调汇报现场 1 号主变压器跳闸情况；4:03，现场检查确认 5011 断路器间隔设备起火，当值值班负责人立即汇报省调，并立即拨打火警报警电话 119，汇报现场电气设备着火情况；4:16 消防中队到达事故现场进行灭火处置；由于现场浓烟较大，且飘向 5021 断路器间隔，4:25，向省调申请将 5021 断路器由运行转热备用，4:28 时 5021 断路器转热备用操作完毕；5:10 现场火势得到一定控制，且现场检查确认 50111、50112、50211、50212 隔离开关具备操作条件后，值班员向省调申请将 1 号主变压器由热备用转冷备用，隔离故障设备，5:38 1 号主变压器转冷用操作完毕；5:52 现场浓烟逐步散去，且现场检查 5021 断路器间隔设备无异常，值班员向省调申请将 5021 断路器由热备用转运行，5:55 5021 断路器转运行操作完毕；6:40 500kV 龙王变电站将 1 号主变压器 5011 断路器转检修，对 5011 断路器电流互感器 B 相顶部进一步灭火；6:53 火势扑灭。

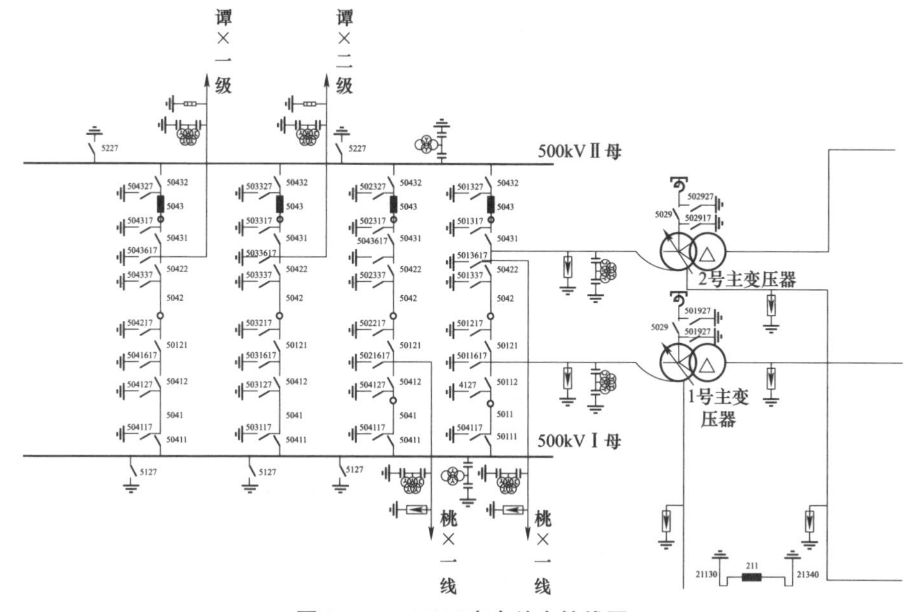

图 2-5　500kV 变电站主接线图

故障设备现场图片如图 2-6 所示。

图 2-6　故障设备现场

二、案例分析

1. 缺陷查找

（1）保护动作情况。故障时，变电站 1 号主变压器 1、2 号差动保护、差动速断保护动作，三侧断路器跳闸，故障录波如图 2－7～图 2－10 所示。

保护动作行为报告：

报告序号	启动时间	相对时间	相别	动作元件
444	2016-05-16 05:54:11:911	0 ms		保护启动
		5 ms	B	纵差比例差动
				跳高压1侧 跳高压2侧 跳中压侧 跳低压侧
		11 ms	ABC	纵差差动速断
		28 ms	ABC	分相差比例差动
			ABC	纵差工频变化量差动
		31 ms		零序差动
			ABC	分侧差动

RCS－978GC变压器成套保护装置1.01—高压侧波形

[illegible]变压器保护　本机通讯地址：[illegible]　设备序号：[illegible]　打印时间：2016-05-16 05:47

CPU版本号：1.01　CPU程序形成时间：2011-06-24 09:30　CPU程序校验码：[illegible]

管理版本号：1.01　管理程序形成时间：2011-06-24 09:30　管理程序校验码：5215C6

LCD版本号：1.01　LCD程序形成时间：2011-06-25 15:27　LCD程序校验码：6673

录制幅值（启动后0.5 1.5周波有效值）：

高压侧A相电压（U1A）	64.47 V	高压侧[illegible]电压（U3I）	0.64 V
高压侧C相电压（U1C）	56.40 V	高压侧自产零序电压（3U0）	84.48 V
高压侧1支路A相电流（I1A）	0.18 A	高压侧1支路C相电流（I1B）	2.52 A
高压侧1支路C相电流（I1C）	0.17 A	高压侧1支路自产零序电流（I10）	2.19 A
高压侧2支路A相电流（I2A）	0.15 A	高压侧2支路C相电流（I2B）	4.95 A
高压侧2支路C相电流（I2C）	0.16 A	高压侧2支路自产零序电流（I20）	4.45 A

标度01（通道01 04）：65.62 V /格

标度01（通道05 08）：2.85 A /格

标度02（通道09 12）：4.71 A /格

横轴每录波时间标度T：30.00 ms /格

开关量位说明：

1：跳高压1侧　2：跳高压2侧　3：跳中压侧

4：跳中压侧母联　5：跳中压侧分段1　6：跳中压侧分段2

7：跳低压侧　8：跳闸备用1　9：跳闸备用2

1 2 3 4 5 6 7 8 9　U1A　U1B　U1C　U30　I1A　I1B　I1C　I10　I2A　I2B　I2C　I20

保护摘要：

报告序号	描　述	实际值
444	动作相别	ABC
	最大纵差电流	13.11　Ie
	最大分相差电流	19.65　Ie
	最大分侧差电流	8.64　In
	最大小区差电流	0.07　In

录制幅值（启动后0.5 1.5周波有效值）：

纵差A相差流（DIA）	6.54 Ie	纵差B相差流（DIB）	13.01 Ie
纵差C相差流（DIC）	6.54 Ie	分相差A相差流（FDIA）	8.01 Ie
分相差B相差流（FDIB）	19.65 Ie	分相差C相差流（FDIC）	8.04 Ie
分侧差A相差流（WDIA）	8.01 In	分侧差B相差流（WDIB）	8.64 In
分侧差C相差流（WDIC）	8.01 In	零序差流（WDI0）	8.64 In
低压侧小区差A相差流（XDIA）	0.01 In	低压侧小区差B相差流（XDIB）	0.01 In
低压侧小区差C相差流（XDIC）	0.02 In		

标度00（通道01 03）：9.40 Ie /格

标度01（通道04 06）：14.07 Ie /格

标度02（通道07 10）：6.20 In /格

横轴每录波时间标度T：30.00 ms /格

开关量位说明：

1：跳高压1侧　2：跳高压2侧　3：跳中压侧

4：跳中压侧母联　5：跳中压侧分段1　6：跳中压侧分段2

7：跳低压侧　8：跳闸备用1　9：跳闸备用2

1 2 3 4 5 6 7 8 9　DIA　DIB　DIC　FDIA　FDIB　FDIC　WDIA　WDIB　WDIC　WDI0　XDIA　XDIB　XDIC

图 2－7　1 号主变压器 1 号保护（RCS－978GC）

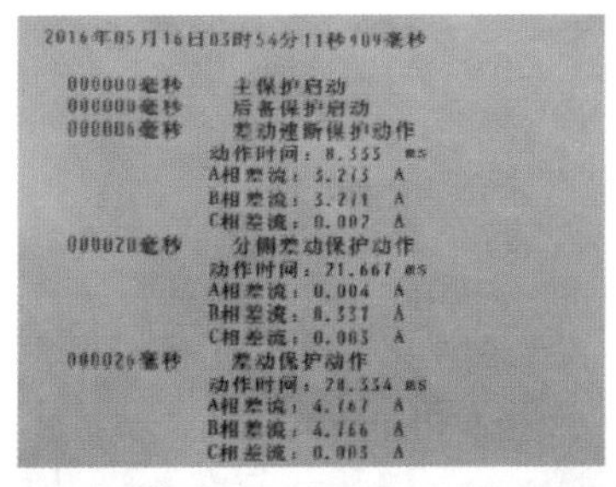

2016年05月16日03时54分11秒909毫秒

000000毫秒　　主保护启动
000000毫秒　　后备保护启动
000006毫秒　　差动速断保护动作
　　　　　　　动作时间：8.555 ms
　　　　　　　A相差流：5.215 A
　　　　　　　B相差流：3.211 A
　　　　　　　C相差流：0.007 A
000020毫秒　　分侧差动保护动作
　　　　　　　动作时间：21.667 ms
　　　　　　　A相差流：0.004 A
　　　　　　　B相差流：8.337 A
　　　　　　　C相差流：0.003 A
000026毫秒　　差动保护动作
　　　　　　　动作时间：28.554 ms
　　　　　　　A相差流：4.167 A
　　　　　　　B相差流：4.166 A
　　　　　　　C相差流：0.003 A

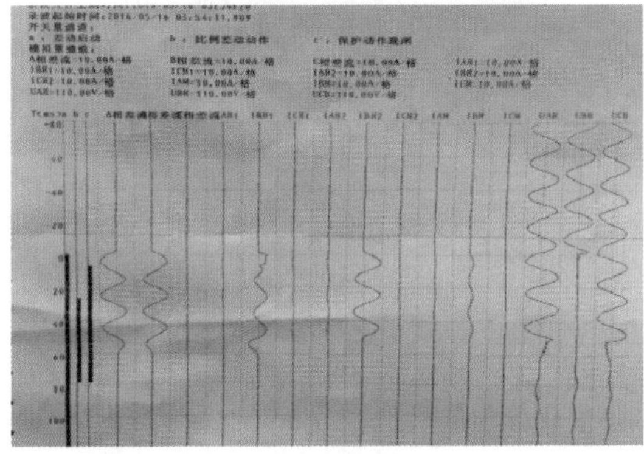

图 2-8　1 号主变压器 1 号保护（PST-1200U）

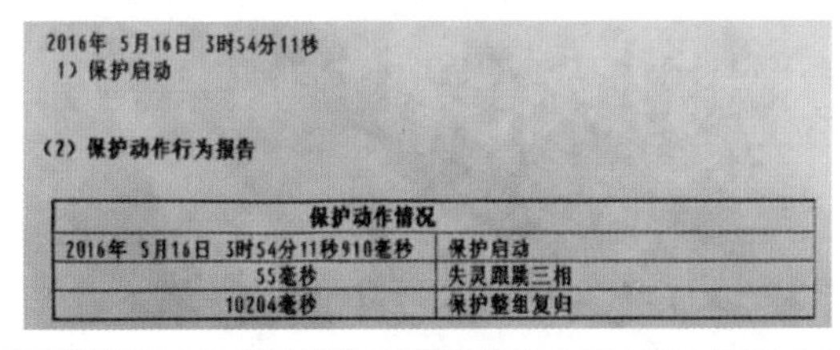

2016年 5月16日 3时54分11秒
1）保护启动

（2）保护动作行为报告

保护动作情况	
2016年 5月16日 3时54分11秒910毫秒	保护启动
55毫秒	失灵跟跳三相
10204毫秒	保护整组复归

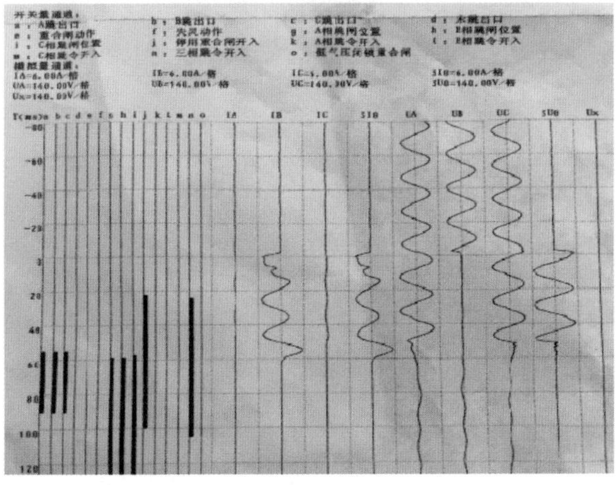

图 2-9　5011 断路器保护（PSL-632U）

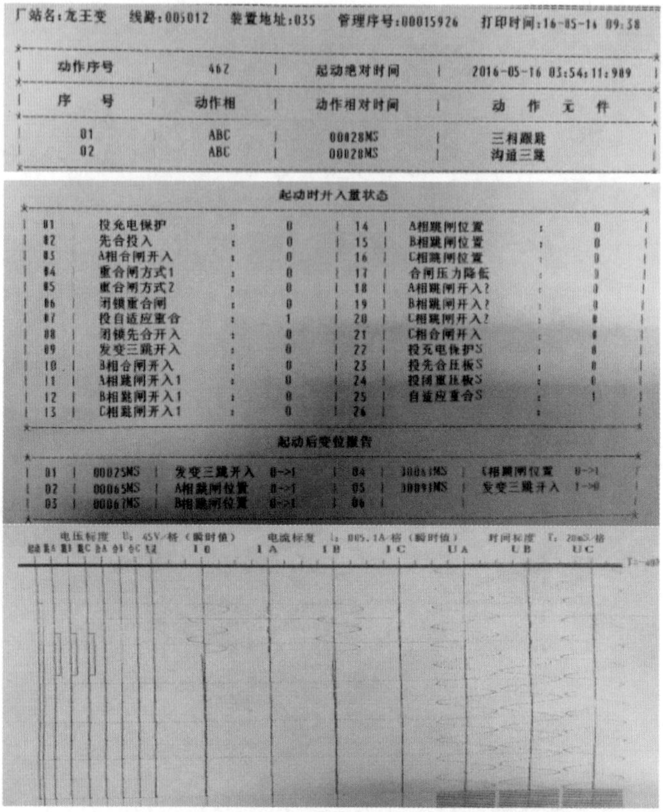

厂站名：龙王变　线路：005012　装置地址：035　管理序号：00015926　打印时间：16-05-16 09:38

动作序号	462	起动绝对时间	2016-05-16 03:54:11:989
序　号	动作相	动作相对时间	动　作　元　件
01	ABC	00028MS	三相跟跳
02	ABC	00028MS	沟通三跳

起动时开入量状态

序号	名称	状态	序号	名称	状态
01	投充电保护	0	14	A相跳闸位置	0
02	先合投入	0	15	B相跳闸位置	0
03	A相合闸开入	0	16	C相跳闸位置	0
04	重合闸方式1	0	17	合闸压力降低	0
05	重合闸方式2	0	18	A相跳闸开入2	0
06	闭锁重合闸	0	19	B相跳闸开入2	0
07	投自适应重合	1	20	C相跳闸开入2	0
08	闭锁先合开入	0	21	C相合闸开入	0
09	发变三跳开入	0	22	投充电保护S	0
10	B相合闸开入	0	23	投先合压板S	0
11	A相跳闸开入1	0	24	投闭重压板S	0
12	B相跳闸开入1	0	25	自适应重合S	1
13	C相跳闸开入1	0	26		

起动后变位报告

序号	时间	变位		序号	时间	变位	
01	00025MS	发变三跳开入	0->1	04	30061MS	C相跳闸位置	0->1
02	00065MS	A相跳闸位置	0->1	05	30091MS	发变三跳开入	1->0
03	00067MS	B相跳闸位置	0->1	06			

电压标度　U：45V/格（瞬时值）　电流标度　I：005.1A/格（瞬时值）　时间标度　T：20mS/格

I0　IA　IB　IC　UA　UB　UC

图 2-10　5012 断路器保护（RCS-921C）

通过保护动作行为分析，故障时，仅主变压器差动保护动作，I 母母差保护未动作，推断故障点应在主变压器电流互感器绕组区内、母差电流互感器绕组区外，即 5S 绕组至 P2 端之间。5011 断路器电流互感器二次绕组排列如图 2-11 所示。

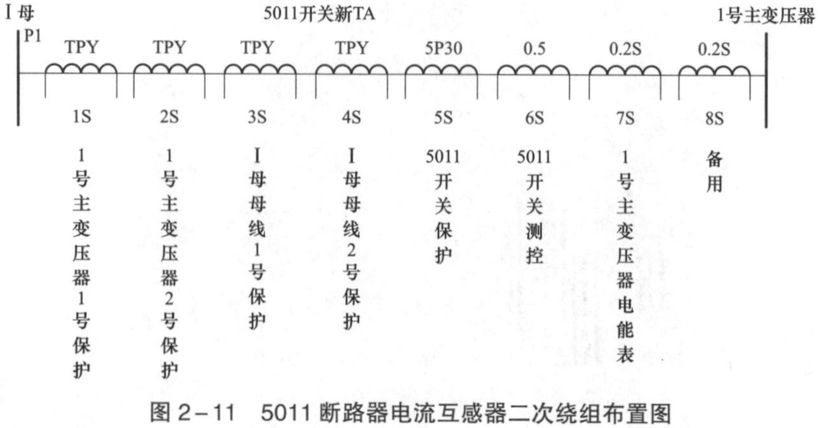

图 2-11　5011 断路器电流互感器二次绕组布置图

从录波以及电流互感器二次绕组布置图可以看出，1号主变压器5011断路器、5012断路器B相二次电流突然增大，分别达到2.52A（一次电流6300A）、4.95A（一次电流12375A），1号保护差流值为13.1I_e、2号保护差流值为4.77A，差流值均达到1、2号保护动作定值，保护正确动作。同时，对应电流互感器外表面烧损情况可以看出三处烧熔铝位置相互对应，可初步判断为放电通道，即高压（储油柜）近P2端对地（二次绕组屏蔽罩顶部）直接击穿，故障位置与保护动作行为一致。

（2）现场检查情况。经检查发现，5011断路器B相电流互感器膨胀器及储油柜炸开脱离、绝缘子散落地面、器身着火，电流互感器储油柜碎片炸裂最远距离达54m，储油柜上半部分炸裂，下半部分基本完好，内部绝缘纸整体过火燃烧，且靠近P2侧绝缘纸缺失，二次绕组保护铝壳顶部近P2处发现约10cm烧熔铝痕迹。金属膨胀器动作拉伸爆炸飞出3m左右，底部出现烧灼痕迹且有约5cm的裂口。储油柜铝壳也出现熔化铝。现场故障设备的情况如图2－12所示。

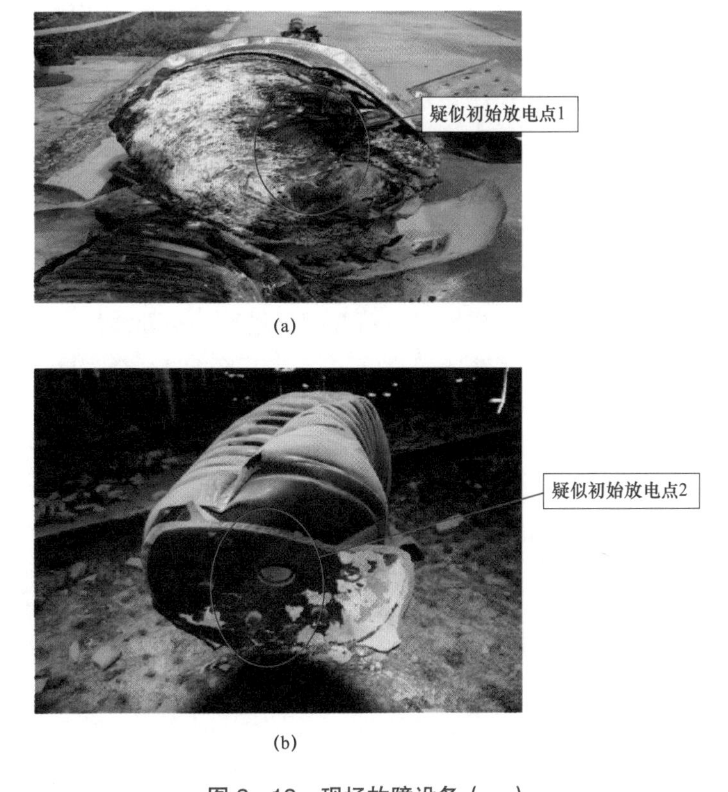

图2－12　现场故障设备（一）

（a）疑似初始放电点1；（b）疑似初始放电点2

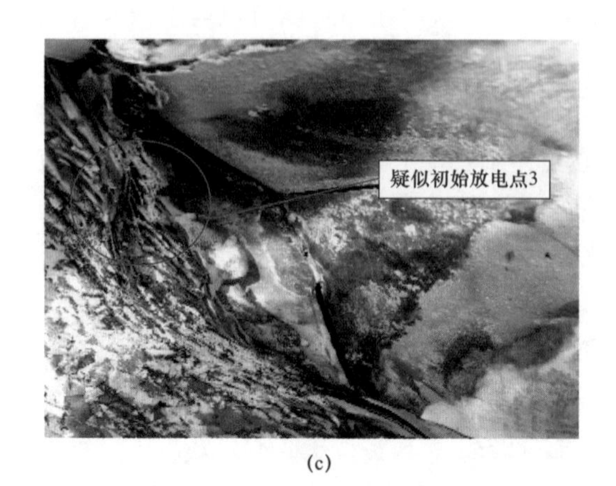

(c)

图 2-12 现场故障设备（二）

（c）疑似初始放电点 3

此外，5011 断路器 A 相电流互感器引流线受外物冲击出现断股；50121 隔离开关 B 相静触头均压环变形；50221 隔离开关 A 相旋转支柱绝缘子瓷裙有一片损伤；5011 断路器 A 相电流互感器瓷裙有一片损伤。二次电缆沟电缆有油迹。

2. 缺陷处理

保护动作情况分析及初步放电通道确定并完成现场资料收集后，检修公司立即组织对 5011 断路器间隔进行隔离，对受损的隔离开关均压环等设备进行了抢修恢复，对在运的 5 台同厂家、同型号电流互感器进行了实际油位、油化试验及电流互感器常规试验检查，对主变压器进行了绕组变形试验检查，检查结果无异常后恢复了主变压器送电。

同时对暂未受损的 5011 断路器电流互感器 A、C 相进行了返厂检查，分析故障原因。

5 月 23～24 日，电力科学研究院技术人员会同省公司运检部和省检修公司相关人员在某电瓷电器公司对已返厂的 500kV 变电站故障电流互感器（编号 24）进行了解体检查，并对待出厂电流互感器（编号 29）和返厂的与故障电流互感器同位置的 A 相电流互感器（编号 26）进行了绝缘验证试验。由于 26 号电流互感器与故障的 24 号电流互感器为同一批次，因此对其增加了绝缘裕度试验，以验证其绝缘状况，该试验严酷程度远高于型式试验。具体试验方案和要求见表 2-2。

表 2-2　　试验方案

试验类型	被试品编号	试验项目	试验要求
例行试验结合型式试验	26 号 29 号	步骤一：高压介质损耗	在 30～320kV 及 320～30kV 下各测试 5 个点形成曲线进行对比
		步骤二：在工频耐压的同时测量局部放电	在 381kV 下放电 5min（标准要求低于 5pC）、550kV 下放电 5min、592kV 下 5min、740kV 下放电 5min
		步骤三：雷电冲击耐压	在±1675kV 雷电下各冲击三次，记录波形并与半电压下的参考波形进行对比
		步骤四	重复步骤二和步骤一
绝缘裕度试验	26 号	步骤一：高压介质损耗	在 30～320kV 及 320～30kV 下各测试 5 点介质损耗形成曲线进行对比
		步骤二：在工频耐压的同时测量局部放电	在 381kV 下放电 5min、550kV 下放电 5min、592kV 下放电 5min、740kV 下放电 60min
		步骤三：雷电冲击耐压	在 1675kV、1725kV、1775kV、1825kV、1875kV、1925kV、1975kV 雷电下正负极性各冲击三次，记录波形并与半电压下的参考波形进行对比
		步骤四	重复步骤二和步骤一

（1）试验结果。

1)例行试验结合型式试验：两台电流互感器在耐压前后的高压介质损耗合格；381kV 电压下局部放电小于 5pC，550kV 和 592kV 电压下局部放电均小于 10pC；740kV 下局部放电在 14～16pC 内。

2）绝缘裕度试验：26 号电流互感器在最高电压达 1975kV 的冲击耐压下未见异常；在冲击前后各 60min 的工频耐压时的局部放电也稳定在 14～17pC 内；冲击及长时耐压前后的高压介质损耗均无异常。

（2）故障电流互感器解体检查。对故障电流互感器的解体检查情况如图 2-13 所示。

(a)

(b)

图 2-13　故障电流互感器的解体检查（一）

（a）现场解体膨胀器；（b）故障电流互感器三角区

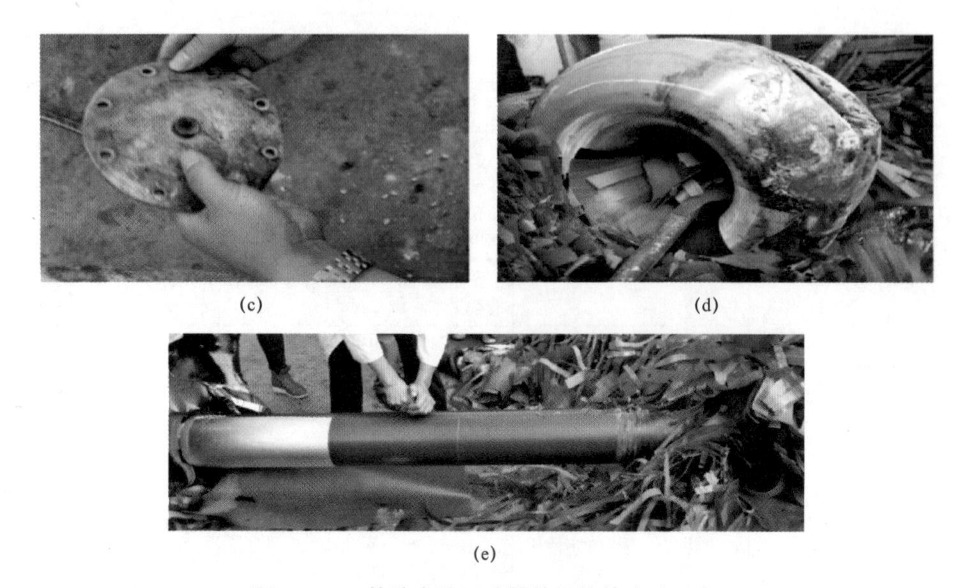

(c)　　(d)

(e)

图 2-13　故障电流互感器的解体检查（二）

（c）膨胀器顶盖；（d）二次绕组铝壳；（e）故障电流互感器内部二次线保护管

从现场故障设备的解体检查情况来看，整个二次线保护管与外形完好，未受损，其放电点位于电流互感器器身顶部（见图 2-14），由头部高电位对头部安装二次绕组的铝盒放电。

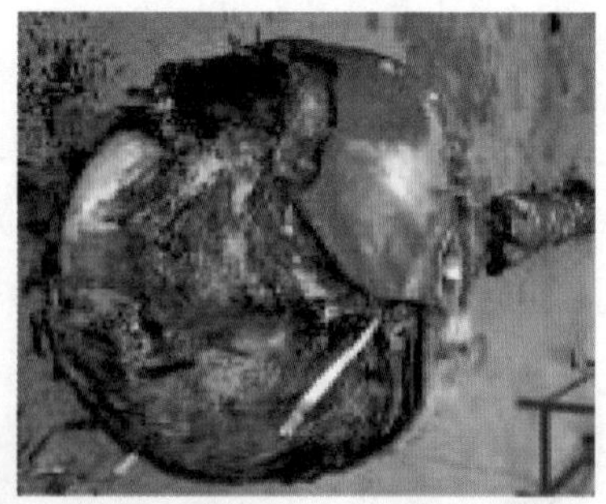

图 2-14　故障电流互感器放电点

将故障电流互感器与目前该变电站运行、返厂以及待出厂 3 类电流互感器相比，发现故障电流互感器头部波纹膨胀器的封油螺钉未安装密封胶垫（见图 2-15），经向厂家核实所有电流互感器均应有胶垫，用于膨胀器密封。

通过检查故障电流互感器同批次产品的生产工艺流程，发现本批次 6 台产品干燥出罐 2 天后就开展了高压试验，静置时间不够（标准工艺流程要求出罐后高压试验前应静置至少 10 天）。局部放电的原始记录显示 26 号电流互感器第一次局部

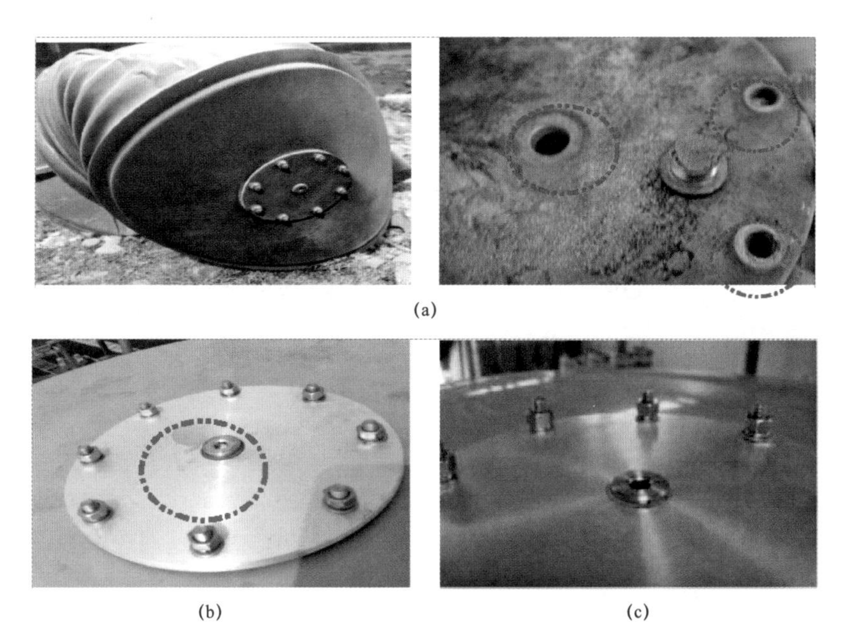

(a)

(b)　(c)

图 2–15　故障电流互感器与其他电流互感器膨胀器封油螺钉对比图

（a）故障现场故障电流互感器膨胀器密封螺钉；（b）其他同厂电流互感器膨胀器密封螺钉；（c）未出厂其他电流互感器膨胀器密封螺钉

放电试验及其他试验合格；但故障电流互感器（24 号）在出罐后第一次局部放电试验时 382kV 电压下局部放电量达 500pC，远大于 5pC 的要求；27 号电流互感器（目前还在运行）第一次局部放电试验时 382kV 电压下局部放电量达 150pC。由于两台电流互感器局部放电不合格，该批 6 台产品又静置了 2 天，试验合格后方出厂。

3. 结论与建议

（1）结论。

1）根据试验结果，该批次电流互感器绝缘裕度较大，因此排除其绝缘设计不合理的问题。

2）故障电流互感器器身头部绝缘击穿的主要原因是其顶部膨胀器封油螺栓未安装密封胶垫，电流互感器运行中温度降低时在膨胀器内部形成负压，同时由于密封垫圈的缺失导致外部潮气进入其内部导致绝缘受潮。

3）故障电流互感器同批次 6 支产品高压试验前静置时间不够，工艺流程管控不严。

（2）建议。

1）对该厂在运电流互感器进行排查，在进行油化排查的同时注意检查其膨胀器顶部封油螺钉的密封状况。

2）对该公司未交付的电流互感器，提高其出厂试验标准，要求在 680kV 电压下局部放电小于 10pC 的情况下才予以接收。

3）建议生产厂家在真空注油阶段，要严格按照波纹膨胀器的设计膨胀高度进行注油，确保在最低运行环境温度不出现负压。

220kV 电流互感器末屏放电故障

一、案例简介

2014 年 7 月 4 日 12:40 左右，运维人员在某 220kV 变电站巡视时发现该站 2 号主变压器 220kV 侧 202 断路器电流互感器下部有漏油，油位已无法观察，末屏短接线脱落并有放电和冒烟现象，随后联系检修人员，并联系调控中心将该组电流互感器退出运行。

二、案例分析

1. 缺陷查找

设备停电后，对该设备进行检查，发现除末屏接地线脱落，末屏小套管破裂，绝缘有从末屏处渗漏，电流互感器油位不可见，末屏绝缘为零，如图 2－16 所示。

图 2－16　电流互感器末屏缺陷图

2. 缺陷原因

通过检查发现，该接地线（见图 2－17）为多股软裸铜丝，由于受环境影响，接地线氧化、脆化造成断裂，电流互感器末屏对地变成绝缘，末屏产生高电压，且小套管与设备外壳绝缘距离较短，造成末屏对地放电，引起电流互感器末屏小套管破裂并漏油。整改后的末屏接地如图 2－18 所示。

图 2–17　原末屏接地线

图 2–18　整改后的末屏接地

3. 结论与建议

（1）开展电流互感器末屏接地线连接方式排查，检查末屏接地线状况，对电流互感器末屏以及主变压器末屏、电压互感器的 N（X）端引出线接地情况作为该类设备日常巡视的重点内容。

（2）电流互感器停电检修时，检修人员应检查末屏连接是否可靠，接地线是否良好，试验人员在进行测试完毕后，应确保末屏接地可靠，拆装接地引线是应防止小套管转动。

（3）加强新投设备的技术监督，在设备采购阶段要求厂家提供末屏密封良好、接地可靠、便于拆卸接地方式，且对于绝缘小瓷套引出末屏接地方式加装防雨罩，二次端子和末屏引出小导管应有防转动措施。

220kV 九朱西线 272 B 相断路器电流互感器故障炸裂事故分析

一、案例简介

2013 年 8 月 6 日 23:36，220kV ××变电站 220kV 九×西线 B 相电流互感器爆炸，220kV Ⅰ母母差保护动作，跳开 220kV 朱×二线 261 断路器、天×一线 263 断路器、音×一线 271 断路器、九×西线 272 断路器、1 号主变压器 201 断路器、母联 212 断路器，事件未造成负荷损失。

在现场，九×西线 272 断路器间隔 B 相电流互感器炸裂侧倾，整个电流互感器的瓷套被炸飞，爆飞的瓷套碎片散落电流互感器周围 $30m^2$ 范围内，最远的碎片飞出有 50m 远，散落在 B 相电流互感器的四周。272 断路器间隔的 A、C 相电流互感器瓷套受损，272 断路器本体支柱绝缘子 A、B、C 相三相受损，相邻的 271 音×一线出线隔离开关 B 相瓷套受损。现场具体情况如图 2－19 所示。

图 2－19　现场具体情况

（a）爆炸的 B 相电流互感器；（b）受损的 220kV 断路器；（c）受损的 220kV 隔离开关

二、案例分析

1. 缺陷查找

（1）故障录波及保护动作情况。2013 年 8 月 6 日 23:36:41，220kV 九×西线朱×侧 B 相电流互感器爆炸，九×西线 2 套线路保护及 2 套 220kV 母差保护动作，由于故障是区内故障，220kV Ⅰ母母差保护动作，跳开 220kV 朱×二线 261 断路器、天×一线 263 断路器、音×一线 271 断路器、九×西线 272 断路器、1 号主变压器 201 断路器、母联 212 断路器。

1）1 号保护屏动作情况分析：2013 年 8 月 6 日 23:36:41.860，1 号保护屏（RCS—931AMV）启动，4ms 工频变化量阻抗动作，8ms 电流差动保护动作，12ms

距离 I 段动作，相别为 B 相；故障测距结果为 1.5km，故障相电流 32.22A，零序电流 33A，差动电流 39A，电流互感器变比：1500/5；故障相电压 1.03V。

2）保护屏动作情况分析：2013 年 8 月 6 日 23:36:42.673，2 号保护屏（PRS—702CAP）启动，9ms 工频变化量距离动作，15ms 纵联距离方向动作，15ms 纵联零序方向动作，20ms 距离 I 段动作，相别为 B 相；故障测距结果为 0.7km，故障相电流 44.07A，零序电流 45.41A，电流互感器变比：1500/5。

2013 年 8 月 6 日 23:36:41.588，220kV 1 号母差保护屏（RCS—915A）动作，34ms 母差跳一母，故障相别为 B 相，最大差电流 204.69A。

2013 年 8 月 6 日 23:36:43，2 号母差保护屏（BP—2B）动作，28.3ms 母差跳一母，故障相别为 B 相，差流 26A。故障录波器录波图如图 2－20 所示。

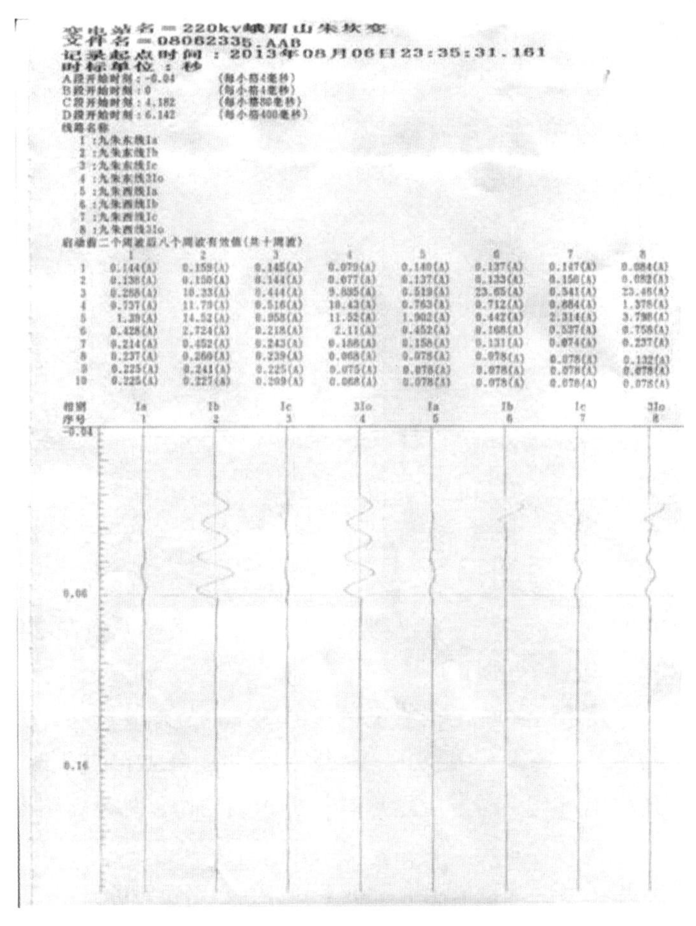

变电站名＝220kv峨眉山朱扶变
文件名＝08062335.AAB
记录起点时间：2013年08月06日23:35:31.161
时标单位：秒
A段开始时刻：-0.04　(每小格4毫秒)
B段开始时刻：0　(每小格4毫秒)
C段开始时刻：4.182　(每小格80毫秒)
D段开始时刻：6.142　(每小格400毫秒)
线路名称
1：九朱东线Ia
2：九朱东线Ib
3：九朱东线Ic
4：九朱东线3Io
5：九朱西线Ia
6：九朱西线Ib
7：九朱西线Ic
8：九朱西线3Io
启动前二个周波后八个周波有效值(共十周波)

	1	2	3	4	5	6	7	8
1	0.144(A)	0.159(A)	0.145(A)	0.079(A)	0.140(A)	0.137(A)	0.147(A)	0.084(A)
2	0.138(A)	0.150(A)	0.144(A)	0.077(A)	0.137(A)	0.133(A)	0.150(A)	0.082(A)
3	0.288(A)	10.33(A)	0.444(A)	9.895(A)	0.519(A)	23.65(A)	0.341(A)	23.48(A)
4	0.737(A)	11.79(A)	0.516(A)	10.43(A)	0.763(A)	0.712(A)	0.884(A)	1.378(A)
5	1.39(A)	14.52(A)	0.958(A)	11.52(A)	1.902(A)	0.442(A)	2.314(A)	3.798(A)
6	0.428(A)	2.724(A)	0.218(A)	2.11(A)	0.452(A)	0.168(A)	0.537(A)	0.758(A)
7	0.214(A)	0.452(A)	0.243(A)	0.188(A)	0.158(A)	0.131(A)	0.074(A)	0.237(A)
8	0.237(A)	0.260(A)	0.239(A)	0.068(A)	0.078(A)	0.078(A)	0.078(A)	0.132(A)
9	0.225(A)	0.241(A)	0.225(A)	0.075(A)	0.078(A)	0.078(A)	0.078(A)	0.078(A)
10	0.225(A)	0.227(A)	0.209(A)	0.068(A)	0.078(A)	0.078(A)	0.078(A)	0.078(A)

图 2－20　故障录波器录波图

3）行波测距装置录波图（8 月 6 日）如图 2－21 所示。

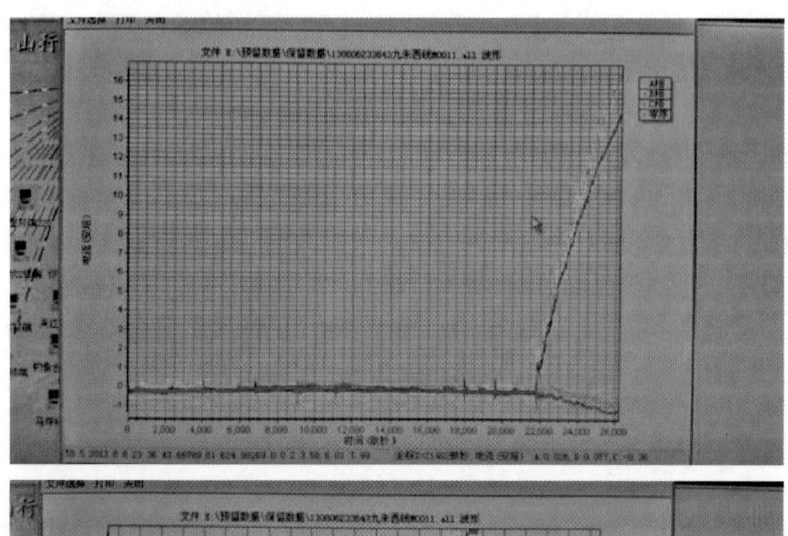

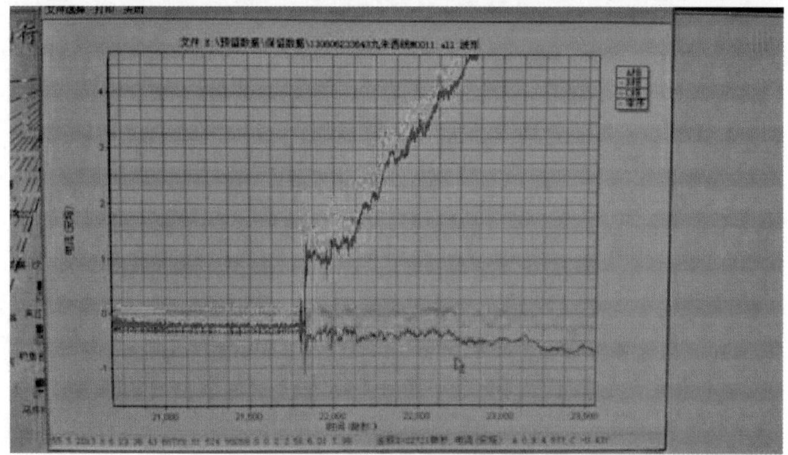

图 2－21 行波测距装置录波图

经过对 220kV 九×西线行波测距数据进行计算，故障发生在 220kV × × 变电站站内，这与实际故障点吻合。

结合该次故障发生时系统运行情况、保护动作、故障录波和行波测距分析，故障点发生在 220kV ×× 变电站站内 272 断路器间隔，在故障发生时系统无操作、无过电压，当 B 相电流互感器发生爆炸时保护正确动作，跳开断路器，未造成负荷损失。

（2）故障电流互感器试验情况。220kV × × 变电站 220kV 九 × 西线 272 断路器间隔 B 相爆炸，电流互感器型号为 LB7－220W2，2002 年出厂。该电流互感器在爆炸前 2012 年 10 月开展了高压试验，试验数据正常。

历年来该电流互感器试验结果见表 2-3，油中溶解气体组分试验结果见表 2-4。

表 2-3 电流互感器试验结果

年度	相别	$U_{试}$	tanδ（%）	C_N（pF）	C_X（pF）	误差（%）
2005	A	10	0.245	830	833.1	0.4
	B	10	0.253	803	807.4	0.5
	C	10	0.242	825	827.3	0.3
2007	A	10	0.247	830	828.9	-0.1
	B	10	0.237	803	801.0	-0.25
	C	10	0.226	825	824.1	-0.11
2012	A	10	0.257	830	832.7	0.32
	B	10	0.250	803	801.4	-0.19
	C	10	0.244	825	821.4	-0.43

注 该电流互感器自 2005 年以来，介质损耗、电容量绝对值、相对电容量试验皆正常。

表 2-4 油中溶解气体组分试验结果

项目	设备名称	运行电压（kV）	油中溶解气体组分及含量（μL/L）							
			H_2	CO	CO_2	CH_4	C_2H_4	C_2H_6	C_2H_2	总烃
油中溶解气体组分试验结果	272CTB（03.1.17）	220	14	38	160	2	1	1	未检出	4
	272CTB（04.11.25）	220	32	137	318	3	1	1	未检出	5
	272CTB（05.10.18）	220	37	131	300	4	1	1	未检出	6
	272CTB（06.10.23）	220	45	197	327	3	1	1	未检出	5
	272CTB（07.11.7）	220	40	217	384	3	1	1	未检出	5
	272CTB（08.10.9）	220	45.2	274.0	547.6	4.4	0.2	0.9	未检出	5.5
	272CTB（09.11.11）	220	39.2	238.2	387.4	4.0	0.1	0.3	未检出	4.4
	272CTB（10.12.14）	220	31.8	274.2	572.0	3.6	0.2	0.4	未检出	4.2
	272CTB（11.12.16）	220	37.75	267.89	518.29	4.09	0.18	0.53	未检出	4.80
	272CTB（12.11.15）	220	37.03	295.87	511.39	5.02	0.19	0.59	未检出	5.80

续表

项目	设备名称	运行电压（kV）	油中溶解气体组分及含量（μL/L）							
			H_2	CO	CO_2	CH_4	C_2H_4	C_2H_6	C_2H_2	总烃
试验方法及技术依据	GB/T 17623—1998《绝缘油中溶解气体组分含量的气相色谱测定法》* GB/T 7252—2001《变压器油中溶解气体分析和判断导则》**									
试验仪器型号	中分 2000A 气相色谱仪									

项目	设备名称	气体组分＼设备	变压器和电抗器		电流互感器		套管	
采用标准的质量指标 GB/T 7252—2001**（运行中）	组分含量（μL/L）		≥330kV	≤220kV	≥220kV	≤110kV	≥330kV	≤220kV
		H_2	＜150	＜150	＜150	＜150	＜500	＜500
		C_2H_2	＜1	＜5	＜1	＜2	＜1	＜2
		总烃（或其他）	总烃＜150	总烃＜150	总烃＜100	总烃＜100	CH_4＜100	CH_4＜100

注 油中未产生气体、无水分，油耐压合格。

* 已被 GB/T 17623—2017《绝缘油中溶解气体组分含量的气相色谱测定法》替代。

** 已废止。废止公告：国家标准公告 2017 年第 31 号。

（3）220kV 九×西线出线防雷保护及故障前雷电活动情况。

220kV 九×西线 2002 年 7 月开 π 进 ×× 变电站，线路全长 22.734km，全线 74 基铁塔，其中 33～74 号与 220kV 音×一线 17～58 号同塔双回运行。

为防止变电站断路器等设备雷害事故，220kV 九×西线出线间隔线路侧安有 1 组避雷器，避雷器型号为 YH10WX－261/562，由于站内位置有限，该组避雷器安装在终端杆塔 74 号，该基杆塔接地电阻 1.9Ω，如图 2－22 所示。

图 2－22 220kV 九×西线

220kV 九×西线于 2013 年 7 月 31 日 20:55 发生了 1 次雷击跳闸，8 月 2 日

对终端杆塔的计数器进行了抄读，8 月 6 日发生 272 断路器间隔 B 相电流互感器爆炸后，随即对终端杆塔避雷器进行读数，由于近期雷电活动频繁，B 相避雷器动作 1 次，实现了对站内设备的可靠保护，站内防雷保护措施完善。

同时，在雷电定位系统中查询故障前 220kV 九×西线及变电站附近雷电活动情况，虽然事故发生时，当地天气情况为雷雨天气（空气相对湿度为 93%，气温 31℃左右），但在雷电定位系统中在××变电站附近 5km 范围内故障前 20min 前及故障后 10min 均无落雷，最近的落雷距离 74 号塔为 4.5km，其他落雷距离 74 号塔和××变电站均超过 7km，不足以对 74 号塔和站内设备造成影响，如图 2－23 所示。

通过查询雷电定位系统中故障前变电站及 220kV 九×西线雷电活动情况，同时对 220kV 九×西线出线防雷保护分析，由此可以看出，220kV 九×西线 272 断路器间隔 B 相电流互感器爆炸与雷电活动无关。

（4）220kV 九×西线 A、B 相断路器电流互感器解剖情况。将 B 相解体后，剥除电容屏后，可清晰观察到故障点，如图 2－24 所示。

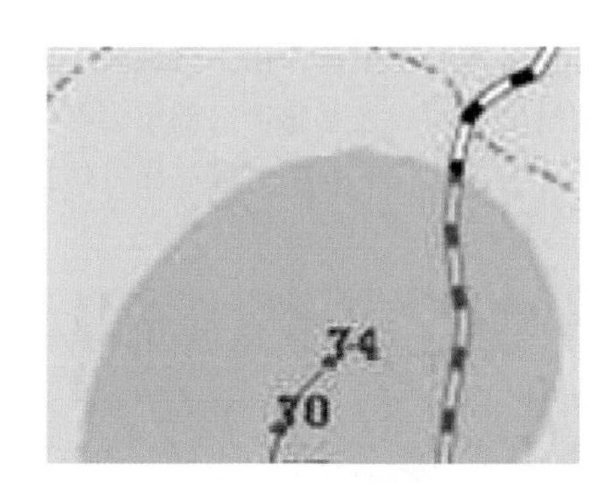

图 2－23 雷电活动图

图 2－24 电流互感器故障点

该电流互感器一次 U 形绕组底部 R 部位由明显的放电痕迹（见图 2－25），为再次核实该故障点位置，检查该电流互感器储油柜底部（见图 2－26），得到验证。

可以得出，该电流互感器由于一次 U 形绕组底部 R 部绝缘击穿，导致这台电流互感器在正常运行中，对地放电，同时，由于油箱内变压器油在电弧作用下被裂解，由高分子液态分解成低分子气态，油中含气量大量增加，导致互感器内部压力不断增高，而互感器内部压力仍未释放，瓷套被爆开，被气化的易燃易爆高压气体接触空气被引燃，最终引起互感器爆炸。

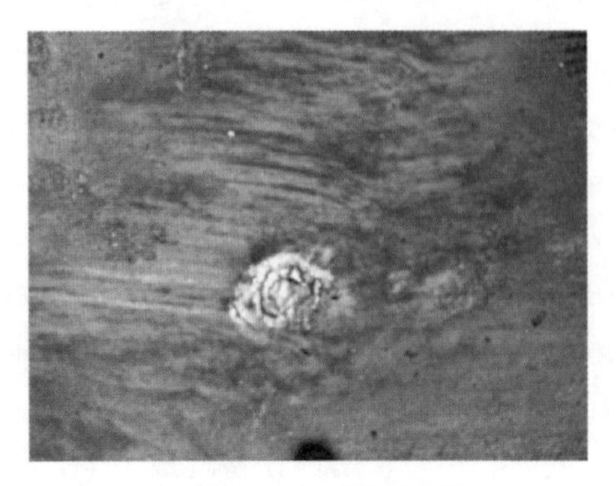

图 2-25 放电痕迹

图 2-26 储油柜底部

故障点及故障经过已找到，但导致故障发生的原因仍不清楚，继续对完好相A相进行解体：

初步分析，该台电流互感器在制造过程中存在绝缘包扎缺陷，在不同层电容屏外（一次绕组底部R部位），绝缘包扎搭接面参差不齐（部分搭接面为1/5搭接，甚至出现平搭情况），绝缘包扎层间存在空隙，见图2-27，使得该互感器一次线棒R部位绝缘强度不够，导致这台电流互感器在正常运行中，内部发生突发性绝缘击穿短路，对地放电，同时，由于油箱内变压器油在电弧作用下被裂解，由高分子液态分解成低分子气态，油中含气量大量增加，导致互感器内部压力不断增高，而互感器内部压力仍未释放，瓷套被爆开，被气化的易燃易爆高压气体接触空气被引燃，最终引起互感器爆炸。

图 2-27 电容屏间存在气隙、电容屏制造工艺差

2. 缺陷原因

通过以上分析，可以形成如下结论：

（1）故障发生后，保护正确动作，跳开断路器，事件未造成负荷损失。

（2）故障发生前，系统无操作、无过电压，故障时间段内，× ×变电站及九

×西线朱×侧线路周围无可对设备造成影响的雷电活动，站内防雷保护完善。

（3）设备外观良好，无渗漏油，该型号互感器储油箱为微正压，密封完好，

（4）介质损耗未有明显增量、突变，油中未产生气体、无水分，油耐压合格。

（5）故障前九×西线测温记录正常，设备未有长期在高温下过载运行，空载损耗正常，油未老化。

由于 220kV 九×西线 272 断路器间隔 B 相电流互感器爆炸时无过电压影响，系统处于正常运行状态，站内防雷保护完善加上故障时刻变电站附近无雷电活动，排除雷电对该次事故的影响。因 272 断路器间隔 B 相爆炸电流互感器已严重损坏，无法判断是否由于本体原因造成爆炸，对非故障相 A、C 相电流互感器的解剖，进一步分析事故的原因。

110kV 电流互感器返厂试验及解体分析

一、案例简介

8 月初，某供电公司运维人员在巡视过程中，发现 220kV 某变电站 1 号主变压器 101 断路器 B 相电流互感器金属波纹膨胀器被完全顶开，随后对该电流互感器进行带电取油分析，H_2 增长至 40842μL/L、C_2H_2 增长至 2.26μL/L，总烃增长至 1608μL/L。该电流互感器为某互感器厂于 2009 年生产的产品，2010 年投入运行，2014 年的高压例行试验及油色谱试验均无异常。随后对该批次共计 30 台电流互感器进行了油色谱排查，又发现两台数据异常。现场将 1 号主变压器 101 断路器 B 相电流互感器进行解体，未能发现故障原因及故障位置。于是将另两台电流互感器（产品编号 1、17 号）返厂至某互感器厂进行试验及解体工作，设备状态评价中心全程参与分析工作。

二、案例分析

1. 缺陷查找

经检查，返厂的 2 台电流互感器无漏油情况，对电流互感器绝缘油进行取样，进行油色谱分析及微水含量测试，试验结果见表 2-5。2 台电流互感器的微水含量正常，但 H_2、CH_4、C_2H_6、总烃含量都超过 Q/GDW 168—2008《输变电设备状态检修试验规程》所规定的注意值，根据特征气体法初步判定 2 台电流互感器都出现了局部放电故障。

表 2-5　　油色谱及微水数据

产品型号	H_2（μL/L）	CO	CO_2	CH_4	C_2H_4	C_2H_6	C_2H_2	总烃	微水
2H55-1	25906	285	2888	1530.2	0	610.2	0	2140	8
2H55-17	3417	105	1404	274.3	0	52.3	0	326.6	7.9

随后，在 23℃室温和 80℃下分别对 2 台电流互感器进行不同电压下的 tanδ 及电容量测量。结果表明，在 23℃室温条件下，1 号电流互感器介质损耗随电压升高而明显增加，17 号电流互感器介质损耗增加不明显，如图 2-28 所示。说明 1 号电流互感器油纸绝缘系统有一定受损，绝缘内部存在缺陷。

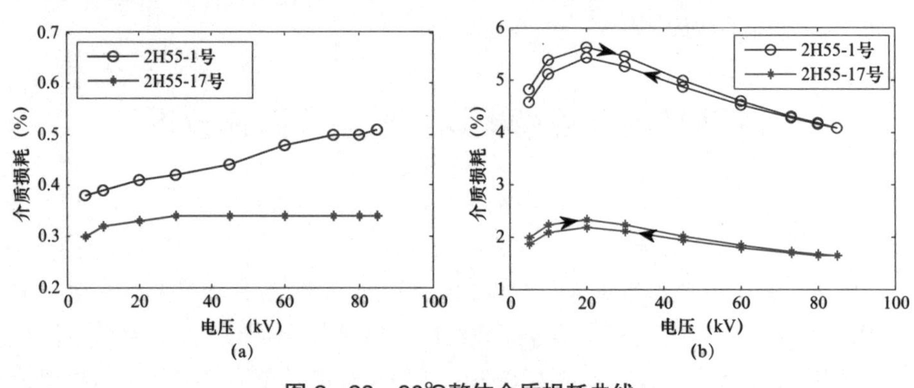

图 2-28　80℃整体介质损耗曲线

（a）1 号电流互感器；（b）17 号电流互感器

对两台电流互感器进行升压法局部放电试验，1 号电流互感器起始放电电压为 46kV，起始放电量为 78pC，17 号电流互感器起始放电电压为 50kV，起始放电量为 20pC。而后依次在 87、126、184kV 下进行局部放电测量，试验结果见表 2-6。根据放电波形，放电脉冲主要集中在第一、三象限，为典型的固体绝缘气隙放电波形，且放电脉冲起始放电相位超前于工频 0°，表明气隙缺陷尺寸较小。

表 2-6　　换油前局部放电量　　单位：pC

电压（kV）		起始	87	126	184	230
换油前局部放电量	1 号	78	295	500	1200	—
	17 号	20	110	130	140	—
换油后局部放电量	1 号	35	210	400	900	600
	17 号	16	65	95	110	100

在常压下对 2 台电流互感器进行换油处理，静置 5h 后，再次进行局部放电试

验，结果表明起始放电电压略有升高，放电量略有减小，但工频周期放电脉冲仍呈现气隙放电的特征，确认气隙缺陷存在于主绝缘之内，具体如表 2-6 和图 2-29 所示。同时将 2 台电流互感器加压至 230kV 耐压试验 1min，两台电流互感器均未发生击穿，在 230kV 下及降压至测量电压时局部放电量未见增加。

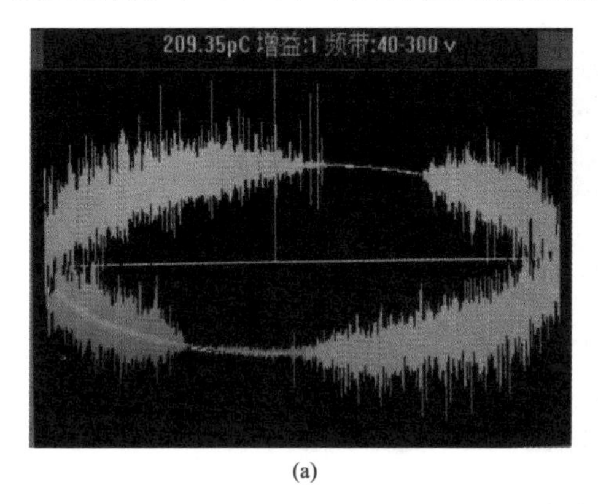

(a)

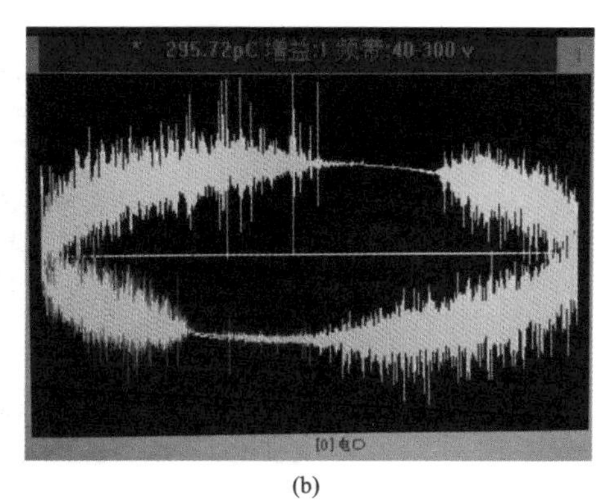

(b)

图 2-29　1 号电流互感器局部放电波形

（a）换油前；（b）换油后

2. 缺陷原因

现场对含气量较高的 1 号电流互感器进行解体，剥离绝缘纸后未发现明显放电点，也未发现局部放电产物 X 蜡。但在未打孔的铝箔屏蔽层上发现由高温干燥过程产生的氧化黑斑（三氧化二铝），如图 2-30 所示。

图 2-30　解体后发现的铝箔黑斑

综合试验结果及解体情况，判断电流互感器主绝缘中存在微小气隙缺陷，在电压作用下发生气隙局部放电，导致绝缘油中氢气、甲烷及总烃含量升高。但分析气隙缺陷尺寸较小，在运行电压下放电量不大，气隙缺陷劣化比较缓慢。两台电流互感器都通过了 230kV 耐压试验，表明微小气隙缺陷暂未影响到主绝缘整体的绝缘强度。

由于同一批次三台电流互感器主绝缘中都出现类似缺陷，判断是由于主绝缘电容屏绕制过程中铝箔绕制不够紧密，容易出现折皱，如图 2-31 所示，在绕制压紧后存在较小的油隙，电流互感器在运行过程中导体温度升高，导致靠近导体的纸板层间油隙膨胀，并由于高温时绝缘油黏度降低，油向外渗透。当温度恢复正常或电流互感器开路时，导致内层绝缘因油收缩形成气隙，所以在运行几年后才出现放电，而放电产生的气体加速了放电的速度，电流互感器为少油式设备，在不到1年时间内产生的大量气体使得膨胀器顶出。

图2-31　铝箔绕制

110kV电流互感器一次直流电阻异常故障

一、案例简介

2012年3月28日，某局油化所在对某站进行例行化学检查时，发现110kV 122号B相电流互感器总烃（129.02μL/L）和氢气（927.36μL/L）突然增加，超过标准要求（氢气小于或等于150μL/L，总烃小于或等于100μL/L）。立即安排了油化所对B相电流互感器进行色谱跟踪，高压所进行红外测温。确认B相互感器存在内部低温过热故障，不是危急缺陷，因此，决定半个月后再对其进行色谱复测。4月16日复测后发现总烃仍然在增加，4月17日122号电流互感器拆除并更换。解体发现，电流互感器一次接头松动造成内部发热。

二、案例分析

1. 缺陷查找

（1）色谱分析。从色谱分析试验数据（见表2-7）来看，特征气体主要以甲烷和氢气为主，乙烷和乙烯有少量增加，乙炔有微量增加，是典型的低温过热色谱，通过三比值法计算判断，色谱代码为001，低于150℃的低温过热，并且发热不涉及绝缘，很有可能是导流部分的接头松动。

表 2-7　　油中溶解气体数据

时　间	试验结果								备注
	CH_4	C_2H_6	C_2H_4	C_2H_2	C_1+C_2	H_2	CO	CO_2	
2008 年 10 月 16 日	5.83	1.82	22.71	0.00	30.36	15.84	303.4	2513.1	
2010 年 5 月 14 日	5.93	1.95	31.30	0.00	39.18	7.41	291.0	2614.1	
2012 年 3 月 28 日	149.02	15.10	40.05	0.14	204.31	927.36	294.3	3032.7	
2012 年 3 月 29 日	155.05	16.15	41.46	0.13	212.79	980.97	283.3	3124.5	
2012 年 4 月 16 日	220.49	22.19	42.88	0.21	285.77	1318.7	303.9	3344.4	
2012 年 4 月 17 日	3.99	0.43	0.34	0.00	4.76	14.30	109.8	273.71	更换后

（2）高压试验。对 122 号电流互感器进行了全套高压试验，除一次直流电阻不合格外，其余试验项目均正常。直流电阻试验见表 2-8。

表 2-8　　直流电阻试验

试验项目	交接标准要求	A 相	B 相
一次直流电阻（内部接头 1）	互差不超过 10%	156μΩ	11mΩ
一次直流电阻（内部接头 2）		163μΩ	9.8 mΩ

2. 缺陷原因

将故障相电流互感器进行解剖检查，发现内部接头进直流电阻值超标，结果见表 2-8，末屏引线部位有明显的烧蚀痕迹。检查末屏接地情况良好。解剖正常相 A 相电流互感器后发现末屏也有烧损痕迹，同 B 相一样，而 A 相油样是合格的。经询问厂家，得知是在焊接末屏时留下的绝缘烧蚀痕迹。因此总烃超标是由于内部接头松动引起，如图 2-32 和图 2-33 所示。

图 2-32　接头松动部位

图 2－33 末屏引出线位置

此次故障是由于 B 相内部接头在过负荷的冲击下，引起接头松动造成内部发热。

倒置式油浸电流互感器家族性缺陷

一、案例简介

2008 年 11 月，某省电力公司在某变电站投运后第一次年检预试中，发现××公司生产的 OSKF 550 型油浸式电流互感器含有乙炔，随后对该省电网运行的该型号 123 只互感器中的 42 只进行检查，发现其中 18 只含有乙炔，另有 9 只电流互感器油耐压、介质损耗不满足交接试验标准。

厂家于 2008 年 11 月发函解释，由于 2006 年下半年国家电网公司将 500kV 电流互感器的工频耐压水平由原来 680kV 提高至 740kV，该公司对沿用老设计的产品按 740kV 进行耐压试验，对于未通过耐压的产品进行解体重新制造；同时，改进产品设计，使后续产品能全部满足 740kV 的工频耐压试验。

随后，该省电力公司扩大检查范围至 63 只，发现其中 37 只含有乙炔，并且有 14 只是改进设计后的产品。2008 年 12 月，国家电网公司组织华东电网、四川、安徽、江苏、浙江、中国电力科学研究院及该公司相关专家，对省公司返厂的 7 只电流互感器进行试验和解剖检查，并就油中产生乙炔的原因、缺陷性质、下一步工作等达成共识，认为缺陷未涉及主绝缘，不会立即危及设备的安全运行。

自 2009 年起，厂家按照经国家电网公司备案的整体方案，对缺陷产品陆续更换后返厂处理。但由于该公司经营问题，上述电流互感器并未更换完成。

2015 年 7 月，国网四川检修公司发现多只该型电流互感器乙炔含量持续增长，并随后进行解剖检查，发现该型电流互感器存在的大量缺陷和问题，已构成严重的风险隐患。

二、案例分析

1. 缺陷查找

OSKF 550 型电流互感器铭牌参数见表 2-9。2007/101292 号互感器采用老设计，工频耐压水平 680kV；2007/101293 号互感器采用改进设计，工频耐压水平 740kV。内部分别采用 10 层、12 层均压屏的设计方案，见表 2-10。

表 2-9　　OSKF 550 型电流互感器铭牌参数

出厂序号	2007/101292，2007/101293	额定短时热电流（kA）	63，3s
型号	OSKF 550	额定动稳定电流（kA）	160kA
规格	A	总重量（kg）	3285
额定电压（kV）	550	油重（kg）	69
工频耐受电压（kV）	680，740	温度范围（℃）	-25～40
雷电冲击耐受电压（kV）	1550	其他	电流互感器全密封，无需补油
额定一次电流（A）	1600～3200		

2008 年 12 月 21～23 日，原国家电网公司生产部组织在厂家召开现场会议，对省公司返厂的 7 只电流互感器进行试验和解剖检查。

表 2-10　　2008 年电流互感器解体及试验方案

出厂编号	设计型式	乙炔含量（μL/L）	方　案
101290	10 均压屏	2.5	解体
101299	12 均压屏	1.41	解体
101291	10 均压屏	1.2	试验后解体
101294	12 均压屏	1.05	740kV 耐压和局部放电试验
101296	12 均压屏	未投运，油中有悬浮物	740kV 耐压和局部放电试验
100691	10 均压屏	1.6	操作波试验和油分析试验后解体
100418	10 均压屏	8.3	操作波试验和油分析试验后解体

（1）101290 号电流互感器解体情况。器身颈部区外层有明显圆周状压痕，在圈状压痕上，有多个放电痕迹，外层绝缘纸、半导体纸和导电带上有放电烧蚀孔，

并伴有浓烈的焦臭味，如图 2－34 所示。

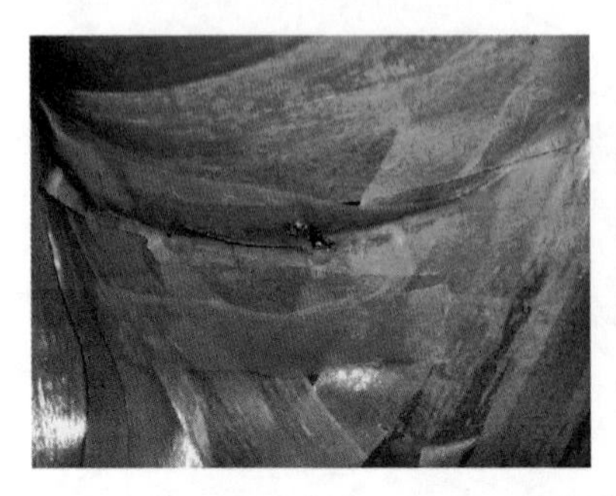

图 2－34　101290 号电流互感器颈压痕及放电痕迹

（2）101299 号电流互感器解体情况。器身颈部区压痕及放电烧蚀孔与 101290 号电流互感器类似。另外，在颈部压痕外的非受压区域，头部外壳和导电带组成的等电位部分，发现一个放电点，如图 2－35 所示。

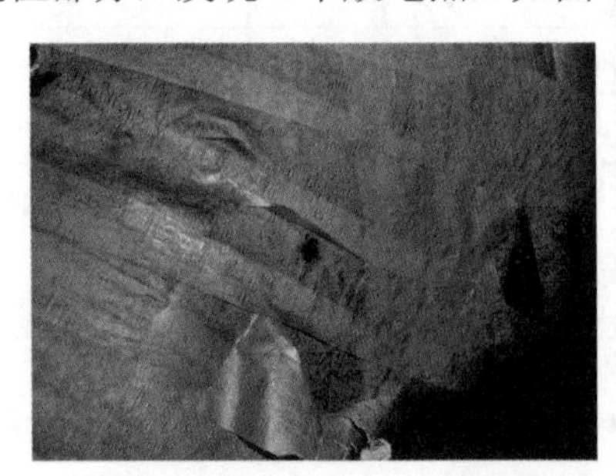
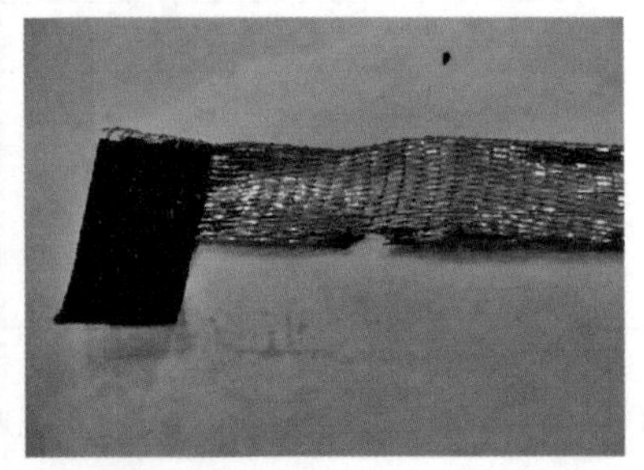

图 2－35　101299 号电流互感器非受压区域放电点

（3）101291 号电流互感器解体情况。在工频耐压和局部放电试验后解体，在卸下头部外壳上半部后，测量器身头部和头部外壳间的电容，当测试电桥输出达 2kV 时，被测部位起火，灭火后解体发现器身颈部区压痕和放电烧蚀孔与 101290、101299 号互感器一致，如图 2－36 所示。

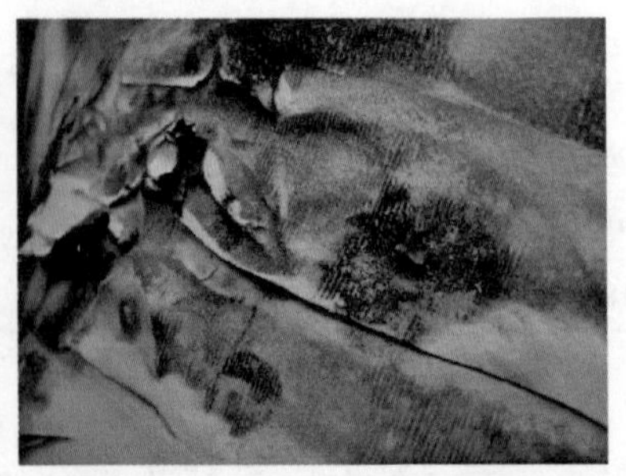

图 2－36　101291 号电流互感器试验及颈部放点电

（4）101294、101296 号电流互感器解体情况。对 2 只电流互感器进行 740kV 工频耐压（1min）和局部放电测试，试验结果符合相关技术标准要求。

（5）100691、100418 号电流互感器解体情况。对 2 只电流互感器施加 50 次负极性 1000kV 操作冲击（600/2500μs），并在试验前后 40h 取油样进行色谱分析，结果表明试验前后油中乙炔含量无明显变化。拆除头部外壳上半部、解开器身顶部等电位连接线后，测试器身与头部外壳间绝缘电阻为零，表明器身颈部外表受压损伤处和头部壳体已经呈短路导通状态。对 2 只电流互感器进一步解体，发现其颈部圈状压痕和局部受损痕迹明显，放电烧蚀孔和前述电流互感器情况类似。

（6）解体结论。为满足 740kV 的工频耐压要求，自 2007 年上半年起，厂家在原有设计方案上增加了颈部过渡区的绝缘层厚度，使得实际包扎后器身颈部的尺寸变厚，并最终导致在装配过程中形成器身颈部受损的潜在缺陷，而这种缺陷在出厂试验项目中难以发现。解体发现，在器身颈部过渡区与头部外壳（内部、下端）之间的绝缘纸垫未能起到很好的隔离支撑作用，致使器身绝缘与头部下壳体转角处直接接触挤压，部分有明显的压痕，导致器身颈部绝缘层、屏蔽层变形，绝缘距离变小；此外还发现最外层绝缘纸部分损伤，器身屏蔽铜网裸露。分析认为在器身屏蔽层与头部外壳之间存在一定的电位差，特别是在暂态过电压下，由于当时装配工艺缺陷的存在，在器身屏蔽层与头部外壳之间发生放电，导致油中产生乙炔。

放电主要发生在器身屏蔽层与头部外壳之间，该缺陷涉及批次产品。鉴于缺陷未涉及主绝缘，不会立即危及设备的安全运行，但需尽快消除。

2015 年 7 月，省电力检修公司发现多支 OSKF550 型电流互感器乙炔含量持续增长，考虑到 OSKF550 型互感器在 2008 年解剖检查后经过多年运行，相关缺陷隐患有可能进一步劣化。为明确设备运行风险、排查安全隐患，2015 年 7 月至 9 月，省电力公司委托某互感器公司，共同对 2010 年更换的运行时间为 3 年的 OSKF550 型互感器进行了试验及解剖检查，结果见表 2－11。

表 2－11　2015 年解剖 OSKF550 型互感器基本信息

出厂序号	运行编号	运行时间	设计型式	运行末期乙炔含量（μL/L）
2007/101308	××变电站 5042 电流互感器 C 相	3 年	10 均压屏	0.28
2007/101310	××变电站 5042 电流互感器 B 相	3 年	10 均压屏	0.05
2007/101313	××变电站 5042 电流互感器 A 相	3 年	12 均压屏	0.19

解体情况与 2008 年类似，互感器器身颈部均有压痕，呈环状，与外壳底部形

状吻合，如图 2－37 所示；同时均在靠近颈部的高压屏蔽层表面发现放电点，2007/101308 互感器放电点如图 2－38 所示，其与在外壳内部的黑色放电痕迹位置对应。

(a)　(b)　(c)

图 2－37　互感器颈部压痕

（a）2007/101308；（b）2007/1013010；（c）2007/1013013

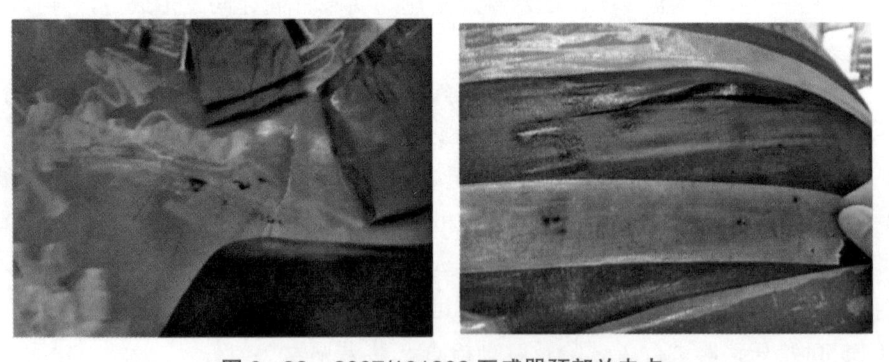

图 2－38　2007/101308 互感器颈部放电点

2. 缺陷原因

（1）器身与外壳不匹配。根据解体互感器实测数据，采用改进设计的互感器在中间屏靠近高压侧电容屏由 3 个增加至 5 个，套管部分绝缘直径增加约 15mm。在外套尺寸未变的情况下，屏的增加将导致安装不匹配情况出现，引起内部芯体的挤压，造成绝缘损伤。

（2）器身缺乏有效支撑。互感器二次引线管在底部由一个螺栓单点支撑，一次导电杆与器身间无支撑且距离较大，器身与外壳间采用易挤压变形的纸垫支撑，导致器身难以在外壳内可靠固定。器身颈部压痕表明器身实际已经卡在了外壳下部，这将导致：

1）器身颈部绝缘及高压屏磨损并放电；

2）器身下部与上部储油柜之间的油路被阻断，影响了运行时绝缘油的对流散热；

3）底部取油的色谱分析方式无法真实反映互感器头部主绝缘的实际情况，互感器继续运行无有效监测手段。

（3）等电位线小电感。在电流互感器头部外壳内，器身外层导电带层通过 1 条等电位线连接至头部外壳，形成等电位区，在工频电压下（包括 740kV 耐压时）器身颈部外层不形成放电，也不产生乙炔。但因为电流互感器等电位线过长，其缠绕形成了微亨级的电感。当系统出现暂态过电压，其波头抵达一次导体和外壳时，因微亨级的电感，导致等电位线两端存在数千伏的过电压。当器身颈部绝缘薄弱或受损时，产生放电，油中出现微量乙炔。

第三章　电压互感器

500kV 变电站电容式电压互感器电容单元击穿故障

一、案例简介

500kV ×× 变电站完成 5021 断路器电流互感器更换工作，按调度要求将 500kV 桃×二线由运行转热备用，对新更换的电流互感器充电、进行带负荷测试。在充电过程中 500kV 桃×二线断路器跳闸。对可能出现故障的设备开展全面的检查工作，经过仔细、全面的排查，现场并未发现任何设备故障痕迹。省调下令进行对 500kV 桃×二线进行第二次试送电，再次发生跳闸。

调取录波，两次跳闸皆因龙×侧桃×二线 1 号保护 RCS－925A 过电压保护动作，B 相电压陡升为 74.5V 左右，并且恒定地维持在 74.5V 左右，动作相对时间分别为 7313ms 和 500ms。初步确定为电压互感器一次侧发生异常。

两次线路跳闸后，省调下令脱开 B 相电容式电压互感器及避雷器暂时空载运行。在线路转检修后，随即开始 B 相电容式电压互感器的介质损耗试验。试验结果与出厂以及上次检修日期对比发现确实有较大异常。随后第三次桃乡侧线路充电，线路充电正常。

二、案例分析

1. 缺陷查找

故障设备型号为 TYD3 500/$\sqrt{3}$－0.005H，出厂日期为 1997 年 9 月 15 日，投运日期为 1998 年 7 月 20 日。该设备为膜纸复合型，投运至今已运行 18 年。试验结果见表 3－1，首节高压电容 C11 的电容量为 27050pF，与初始值偏差达到 32.4%，介质损耗为 3.611%，严重超过了 Q/GDW 1168—2013《输变电设备状态检修试验规程》规定的膜纸复合型电容式电压互感器介质损耗注意值 0.25%。C12、C13 的介质损耗值也超过规程要求，分别为 0.464%、0.707%。

表 3－1　　电容式电压互感器试验数据

电压互感器编号	97957	979291	97944	9791
测试电压（kV）	10	10	10	10
主绝缘 tanδ	3.611	0.464	0.707	0.062
主绝缘电容（pF）	27050	20700	20730	19930
主绝缘电容初值（pF）	20431	20413	20476	19938
初值差	32.40%	1.41%	1.24%	－0.04%

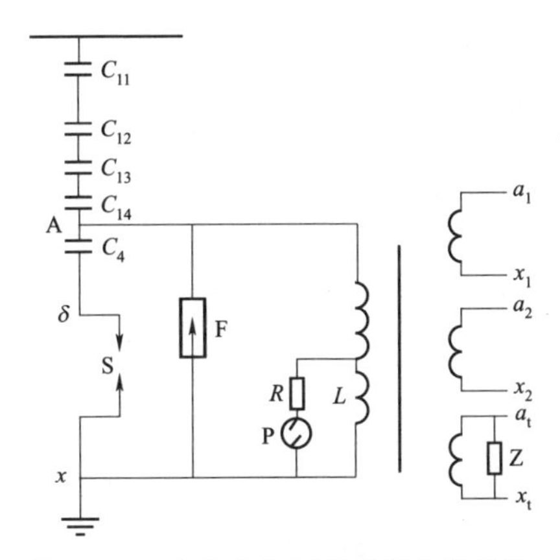

图 3－1　电容式电压互感器电路结构

2. 缺陷原因

对 C11、C12 进行解体。C11 由 82 层电容量为 1.7μF 的电容串联而成。经测量及解剖，有 60 层发生了不同程度的击穿，其中 27 层完全击穿。C12 中有 1 层电容存在陈旧性击穿，如图 3－2 所示。薄弱的电容层在合闸过程中的操作过电压下发生了连续击穿。因二次电压稳定在 74.5V，电容层在工频电压下未发生继续击穿。

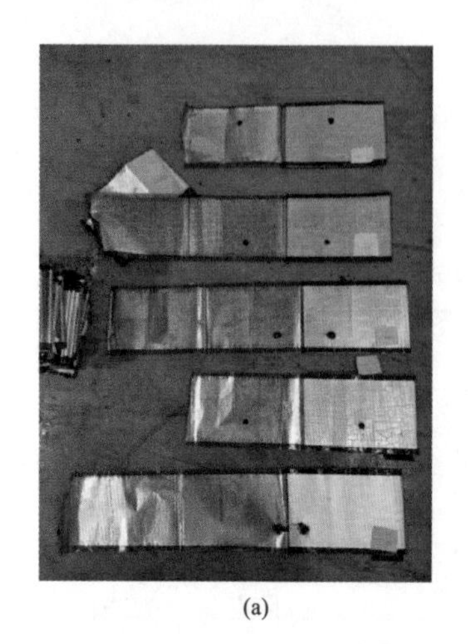
(a)

(b)

图 3-2　电容层击穿图片

（a）C11 电容层击穿；（b）C12 电容层击穿

500kV 变电站线路电容式电压互感器二次电压异常缺陷

一、案例简介

2013 年 8 月 12 日 11:00，500kV× ×变电站运行值班人员发现复×一线和复×二线在后台显示负荷、电压特别是线路电压以及线路 B 相电压上差距较大. 其中一线和二线在后台监控画面显示线路电压一线 544.03kV，二线 527.03kV 差距 17kV，一线 B 相电压 321.84kV，二线 B 相电压 306.01kV，差距 15.83kV。现场复×一线测控装置上电压采集分别为 U_a=61.231V，U_b=64.257V，U_c=61.751V。复×二线测控装置上电压采集分别为 U_a=60.469V，U_b=61.077V，U_c=60.734V。在复×一线线路电容式电压互感器端子箱实际测量二次空开电压，A 相 60.1V、B 相 64.3V、C 相 60.3V，复×二线三相无异常。

对二次电缆进行排查，确认二次电缆无短路或接地缺陷后，评价中心根据电压异常情况分析后认为，电容分压器高压电容单元应该已发生部分电容元件的击穿损坏，在低压分压电容上将承受大约 1.06 倍额定电压。虽然厂家在设计时按照 1.3 倍额定电压持续运行进行设计，但由于电容元件的损坏可能会导致局部场强集中，而产生局部放电，进而可能发展为电容元件逐个击穿导致发展为对地击穿故障。因而电力科学研究院建议立即申请停电进行高压试验检查。

二、案例分析

1. 缺陷查找

复×一线 B 相电容式电压互感器生产厂家为× ×电力电容器有限责任公司，2010 年 12 月出厂。铭牌见表 3-2。

表 3-2 复×一线 B 相电容式电压互感器铭牌

型号	TYD14500/$\sqrt{3}$ -0.005H	出厂日期	2010 年 12 月 31 日	
厂家	× ×电力电容器有限责任公司	额定一次电压	500/$\sqrt{3}$ kV	
端子标志	1a-1n	2a-2n	3a-3n	da-dn
额定电压比	100/$\sqrt{3}$	100/$\sqrt{3}$	100/$\sqrt{3}$	100
准确等级	0.2	0.5	3P	3P
总编号	B：10-4364			

进行的诊断性试验项目为介质损耗电容量测试，该变压器 2011 年 3 月进行交接试验，2012 年 12 月进行首检，2013 年 8 月进行诊断性试验，历次试验数据见表 3-3。

表 3-3 介质损耗电容量测试数据

相别	交接		首检		诊断		
	介质损耗 tanδ（%）	电容量（nF）	介质损耗 tanδ（%）	电容量（nF）	介质损耗 tanδ（%）	电容量（nF）	初值差（%）（与交接比）
A 上	0.078	14.48	0.092	14.60			
A 中	0.088	14.53	0.100	14.63			
A 下	0.060	15.71	0.141	15.68			
B 上	0.080	14.50	0.413	14.72	0.406	15.09	4.07%
B 中	0.073	14.51	0.461	14.67	1.085	16.66	14.4%
B 下	0.052	15.72	0.456	15.81	0.174	15.88	0.57%
C 上	0.070	14.45	0.059	14.53			
C 中	0.074	14.50	0.068	14.61			
C 下	0.052	15.63	0.062	15.47			
技术标准			tanδ≤0.25%		电容量初值差不超过（±2%）		
备注	试验数据不满足技术标准						

由于没有出厂试验数据，只能以交接试验数据作为初值与之后历次试验进行比对。从诊断性试验数据反应，该相电容式电压互感器上节与中节高压电容器均有电容元件发生了击穿，中节损坏元件数量更多。下节电容器无损坏，上节及中节介质损耗也有增大，已超过标准注意值 2%。

2. 缺陷原因

2013 年 9 月，该电容式电压互感器返厂进行了解体，解体后发现电容器上节 7 只，中节 14 只元件发生击穿，如图 3－3 和图 3－4 所示。

图 3－3　上节元件解剖情况

图 3－4　中节元件解剖情况

根据产品原材料检验、生产过程追溯、同批次产品运行及试验解剖等情况，综合分析认为造成电容电压互感器损坏的最大可能原因是：元件铜引出片制作过程中，边缘清理不干净，造成毛刺残留，局部场强集中，产生低能局部放电，致使局部绝缘油及介质逐渐老化，最终导致元件击穿；或者元件卷制过程中操作人员在插入引出片时，可能碰伤元件原材料，造成元件介质损伤，形成电弱点，电弱点在长期的电压和温度的作用下老化导致元件击穿。

3. 结论与建议

加强对运行中电容式电压互感器二次电压（包括开口三角形电压）的监控，特别是运行10年以上的电容式电压互感器，由于运行年限较长，其电容单元很容易发生击穿。当二次电压出现异常时，应时行诊断试验。

220kV电容式电压互感器电磁单元故障

一、案例简介

2016年8月16日，某220kV变电站220kVⅠ母电容式电压互感器C相二次失压，二次电压均在10V左右。随后对其进行了红外测温，C相电磁单元整体发热严重，热点温度达69℃，较于A、B相高约30℃，属于危急缺陷。

二、案例分析

1. 缺陷查找

故障发生后，对C相电容式电压互感器进行介质损耗试验，结果见表3－4和表3－5。上节电容正接法介质损耗值为0.121%，与交接试验相同；下节电容采用自激法测量已无法升压，反接法试验结果显示介质损耗值达到3.469%。其解体结果如图3－5所示，一次绕组已严重烧损。故障现象与某省公司烧损的电容式电压互感器情况一致，如图3－6所示。

表3－4　　C相电容式电压互感器介质损耗试验结果

介损电容量测量	试验仪器	AI-6000D电桥			
接线方式	试验电压（kV）	tanδ%	C_e（μF）	测量电容（μF）	误差%
C相　上节电容	10	0.121	0.02024	0.02018	
C相　下节电容（自激法）C1	3	升压升不起			
C相　下节电容（自激法）C2	3				

续表

介损电容量测量	试验仪器	AI-6000D 电桥			
接线方式	试验电压（kV）	tanδ%	C_e（μF）	测量电容（μF）	误差%
C 相　下节电容（反接法）	3	3.685		0.02942	
C 相　下节电容（反接法）	5	3.496		0.02925	
C 相　下节电容（反接法）	10	3.121		0.02926	

表 3–5　　C 相电容式电压互感器二次绕组直流电阻测试结果

绕组直流电阻（Ω）	试验仪器	JY-40 直流电阻测试仪	
	a1——n1	a2——n2	da——dn
测试值	0.031	0.034	0.073
交接值	0.02307	0.02476	0.05175

图 3–5　某站电容式电压互感器电磁单元一次绕组图

图 3–6　某公司故障后解体图

2. 缺陷原因

2011 年，该省公司电力科学研究院从数台该批次互感器的电磁单元选取完好的漆包线进行盐水试验，加上 12V 直流电压后，盐水中有电解的氧化铜红色液体析出，如图 3－7 中所示，漆包线上存在 6 个针孔。同时交流耐压试验显示绕组漆包线的交流耐压值较低，不满足 GB/T 4074.5—2008《绕组线试验方法　第 5 部分：电性能》的要求。因此该公司认定了厂家 2006～2008 年生产的电容式电压互感器存在家族性缺陷。

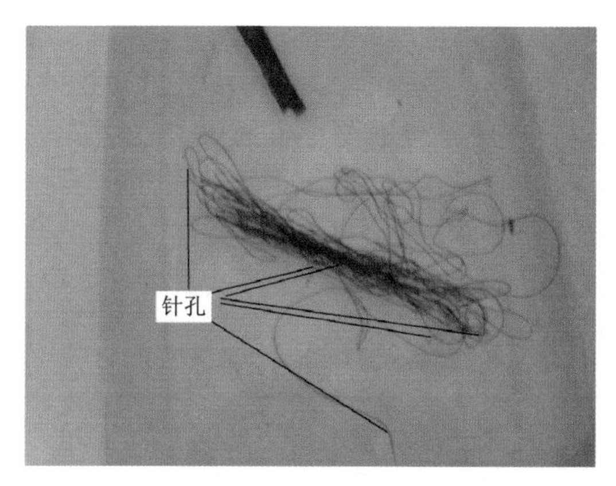

图 3－7　漆包线上针的孔

对系统内 14 支该厂家 2006～2008 年生产的电容式电压互感器进行停电取油样测试。其中分别有 13 支总烃含量、2 支乙炔含量超过了 DL/T 722—2014《变压器油中溶解气体分析和判断导则》的注意值，部分结果见表 3－6。

表 3－6　部分电容式电压互感器油化试验结果

互感器编号	CH_4	C_2H_4	C_2H_6	C_2H_2	总烃	H_2	CO	CO_2
1	48.52	1.08	62.53	4.17	116.3	82.36	394.65	2083.29
2	48.30	3.39	114.15	24.10	189.94	82.02	635.52	2773.22
3	111.78	0.5	73.43	1.23	186.94	374.3	200.175	1568.32
4	34.63	42.18	232.19	0	309	58.53	193.41	769

3. 结论与建议

（1）加强对电容式电压互感器的巡检，重点检查电磁单元是否存在异常发热，二次电压有无异常变化。

（2）利用停电机会检查开展电容式电压互感器变比、绕组直流电阻以及电容量和介质损耗测试，加强与历史数据的对比，排查设备电磁单元一次侧有无异常。

（3）加强电容式电压互感器原材料质量控制及提高设备制造工艺水平，特别是纸包线等原材料的质量抽检工作，避免由于原材料质量不合格或设备制造过程的细微缺陷导致设备在运行中可能发展成事故。

220kV 变电站 220kVⅡ母电压互感器 A 相缺陷

一、案例简介

2012 年 2 月 9 日，修理试验所对 220kV××变电站 220kVⅡ母电压互感器进行例行试验，试验项目包含绝缘电阻、电容量及介质损耗测量、变比测量，试验过程中发现 220kVⅡ母电压互感器 A 相上节耦合电容器介质损耗值 0.379%，状态检修规规程要求小于或等于 0.25%。由于试验过程中天气变化，湿度增加，外部环境已不适合继续试验，工作延期。当日试验数据见表 3－7。

表 3－7　　电压互感器试验报告

<table>
<tr><td>单位</td><td>220kV××变电站</td><td colspan="2">试验性质</td><td colspan="2">例行</td><td>试验日期</td><td>2012 年 2 月 9 日</td></tr>
<tr><td>温度</td><td>5℃</td><td colspan="2">气候条件</td><td colspan="2">阴</td><td>湿度</td><td>70%～85%</td></tr>
<tr><td>试验项目</td><td>试验仪器</td><td colspan="6">试验内容</td></tr>
<tr><td rowspan="7">绝缘电阻测量</td><td rowspan="7">5000V 和 2500V 绝缘电阻表</td><td colspan="2">部位</td><td colspan="2">一次对地</td><td>N 对地</td><td>X 对地</td></tr>
<tr><td colspan="2">A 上</td><td colspan="2">80000</td><td>—</td><td>—</td></tr>
<tr><td colspan="2">A 下</td><td colspan="2">80000</td><td>10000</td><td>10000</td></tr>
<tr><td colspan="2">B 上</td><td colspan="2">80000</td><td>—</td><td>—</td></tr>
<tr><td colspan="2">B 下</td><td colspan="2">80000</td><td>10000</td><td>10000</td></tr>
<tr><td colspan="2">C 上</td><td colspan="2">80000</td><td>—</td><td>—</td></tr>
<tr><td colspan="2">C 下</td><td colspan="2">80000</td><td>10000</td><td>10000</td></tr>
<tr><td rowspan="7">电容值及 tanδ</td><td rowspan="7">AI－6000 自动介质损耗测试仪</td><td>部位</td><td>$U_{试}$（kV）</td><td>tanδ（%）</td><td>C_X（pF）</td><td>C_N（pF）</td><td>误差（%）</td></tr>
<tr><td>A 上</td><td>10</td><td>0.379</td><td>19850</td><td>20200</td><td>－1.73</td></tr>
<tr><td>A 下</td><td>10</td><td>0.092</td><td>21100</td><td>21370</td><td>－1.26</td></tr>
<tr><td>B 上</td><td>10</td><td>0.096</td><td>19760</td><td>20090</td><td>－1.64</td></tr>
<tr><td>B 下</td><td>10</td><td>0.116</td><td>20720</td><td>20930</td><td>－1.0</td></tr>
<tr><td>C 上</td><td>10</td><td>0.116</td><td>20120</td><td>20491</td><td>－1.8</td></tr>
<tr><td>C 下</td><td>10</td><td>0.113</td><td>20210</td><td>20453</td><td>－1.1</td></tr>
</table>

2012年2月10日，天气良好，满足试验要求。重新对220kVⅡ母电压互感器A相上节耦合电容器介质损耗值测量，试验结果见表3-8。

表3-8 试验数据

试验日期	2012年2月10日	使用仪器	AI-6000自动介质损耗测试仪			气候条件	晴	
温度（℃）	湿度	试验部位	$U_{试}$（kV）	$\tan\delta$（%）	C_X（pF）	C_N（pF）	误差（%）	备注
8	75%	A上	10	0.313	19860	20200	-1.68	未屏蔽
8	70%	A上	10	0.254	19850	20200	-1.73	屏蔽
9	60%	A上	10	0.257	19850	20200	-1.73	屏蔽
9	60%	A上	10	0.258	19860	20200	-1.68	未屏蔽
10	63%	A上	10	0.276	19860	20200	-1.68	未屏蔽

二、案例分析

从测试数据看，在2月10日环境条件下$\tan\delta$值下降，但仍然超标，电容量测试变化不大，与初始值差0.3%，满足规程电容量不超过初始值±2%要求，试验仪器采用AI-6000变频电桥介质损耗因数测试仪，频率在45～55Hz，抗干扰能力强，现场强干扰下试验数据稳定，基本不随干扰电压变化。因此，可排除现场试验仪器、接线、外部气候条件对测试数据的影响，测试数据准确。

通过查阅相关资料，结合试验数据，220kVⅡ母电压互感器A相上节耦合电容器$\tan\delta$%值超过注意值原因可能是以下原因：膜纸复合绝缘电容器用聚丙烯薄膜与电容器纸复合浸渍有机合成绝缘油介质取代纸浸电容器矿物油介质，而聚丙烯薄膜和有机合成浸渍剂均为高分子聚合物，二者通常有功损耗较低，只有油纸绝缘电容器的1/4，介质损耗因数应小于0.1%，因为其中聚丙烯粗化膜电容器的介质损耗因数只有0.01%，损耗为电容器纸的1/10，有机合成浸渍剂的介质损耗因数也只有0.03%。耦合电容器长期运行后，其绝缘介质会逐渐老化，部分聚丙烯薄膜和有机合成浸渍剂高分子聚合物变成了低分子聚合物，而低分子聚合物的介质损耗比高分子聚合物介质损耗要大得多，因此会造成耦合电容器介质损耗增大。参考南方电网耦合电容器运行标准，一般情况下对于老旧耦合电容器介质损耗大于0.25%而小于0.3%时，仍可投入运行。

110kV 电压互感器电容器低压端连接不良故障

一、案例简介

2009 年 11 月，某变电站运行人员发现 110kV 182 号 A 相电压互感器电压异常，二次电压在 80～90V 波动，频率在 52Hz 左右变动，随即到现场进行查看，听见 182 号电压互感器响声异常，还伴有啪啪的放电声，对该只电压互感器进行红外测温，发现 A 相电压互感器中间变压器部位的温度已达 22.7℃，而正常相电压互感器中间变压器部位的温度只有 1.8℃，高于正常相电压互感器约 20.9℃。将电压互感器停运并解体后发现原因为电压互感器内电容器低压端引出线连接不良，导致引出线电位悬浮，对地击穿放电。

二、案例分析

1. 缺陷查找

故障电压互感器为电容式电压互感器，1998 年 11 月投运，已运行 11 年。型号为 TYD110/$\sqrt{3}$ –0.007H，额定一次电压为 110/$\sqrt{3}$ kV，额定二次电压为 100/$\sqrt{3}$ kV，150VA，0.5 级，剩余绕组电压：100V，100VA，3P，额定开路中间电压为 20kV

上次试验时间为 2008 年 7 月，试验结果正常。

2. 缺陷原因

图 3–8 所示为故障电压互感器红外测温热像图，从图中可以看出故障电压互

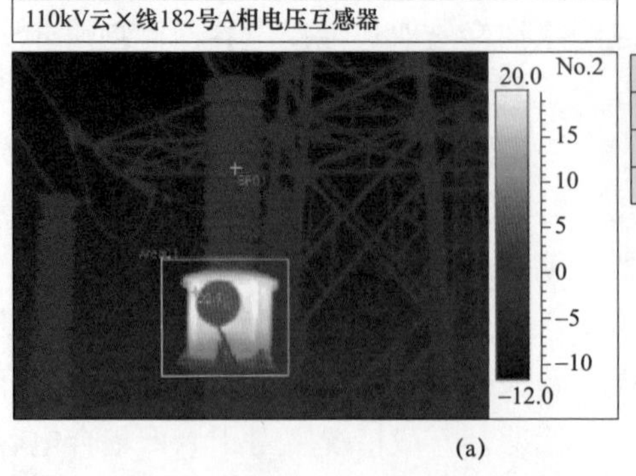

点分析	数值
SP01温度	3.0℃
区域分析	数值
Arca01最高温度	22.7℃

(a)

图 3–8 电压互感器热像图（一）

（a）故障相

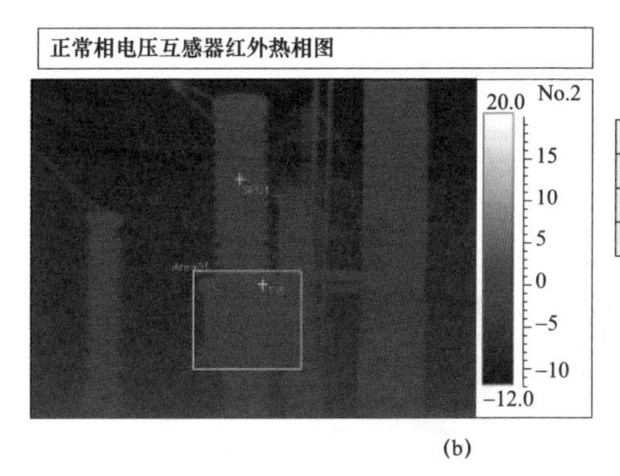

点分析	数值
SP01温度	0.4℃
区域分析	数值
Arca01最高温度	1.8℃

(b)

图 3-8 电压互感器热像图(二)

(b)正常相

感器比正常电压互感器温差达到20℃,若按DL/T 644《带电设备红外诊断技术应用导则》中要求,该缺陷已构成危急缺陷,故立即将该电压互感器退出运行。

电压互感器退出运行后,对其进行了高压试验和油色谱试验,结果见表3-9。

表 3-9 高压试验和油色谱试验结果

<table>
<tr><th colspan="2">试验项目</th><th colspan="9">试验结果</th></tr>
<tr><td rowspan="4">高压试验</td><td>C_1+C_2介质损耗测试</td><td colspan="5">tanδ = 0.576</td><td colspan="4">C_x = 7.189 nF</td></tr>
<tr><td>变比测试</td><td colspan="9">合格</td></tr>
<tr><td rowspan="2">绝缘测试</td><td colspan="2">一次对二次及地</td><td>δ对地</td><td>δ对X</td><td>X对地</td><td colspan="2">afxf对地</td><td>afxf对a1x1</td><td>afxf对X</td></tr>
<tr><td colspan="2">115.0GΩ</td><td>600Ω</td><td>600Ω</td><td>0Ω</td><td colspan="2">17.7GΩ</td><td>25.0GΩ</td><td>16.0GΩ</td></tr>
<tr><td colspan="2" rowspan="3">油色谱试验(μL/L)</td><td>气体组分</td><td>CH_4</td><td>C_2H_4</td><td>C_2H_6</td><td>C_2H_2</td><td>H_2</td><td>CO</td><td>CO_2</td><td>总烃</td><td>分析意见</td></tr>
<tr><td>注意值</td><td><100</td><td></td><td></td><td>110kV:<3
220kV:<2</td><td><150</td><td></td><td></td><td></td><td></td></tr>
<tr><td>实测值</td><td>589.64</td><td>764.3</td><td>327.61</td><td>139.93</td><td>558.21</td><td>205.63</td><td>3901.4</td><td>1821.48</td><td>放电故障</td></tr>
</table>

从高压试验结果可以看出,其介质损耗与电容量正常,说明电压互感器电容器单元绝缘正常,电容器单元低压端及其引出端子对地绝缘低,中间变压器尾端及其引出端子对地绝缘低,而且从测温图中也可以看出发热点主要在电压互感器中间变压器油箱内。而从油色谱试验结果中可以看出氢气与乙炔严重超标,存在放电缺陷。因此推测故障原因可能是由于电压互感器内接地端子(电容器低压端

及中间变压器尾端）由于失去接地，导致电位悬浮，对地绝缘击穿。运行人员发现故障时听到的啪啪的放电声也印证了这一猜测。

为了更准确地寻找故障原因，随后对故障电压互感器进行了解体，将中间变压器油箱法兰拆开后，发现连接线 L1 对法兰板有放电现象，L1 外层绝缘已烧损，L1 的连接螺丝有松动迹象，如图 3－9 所示，其他部分未见异常。

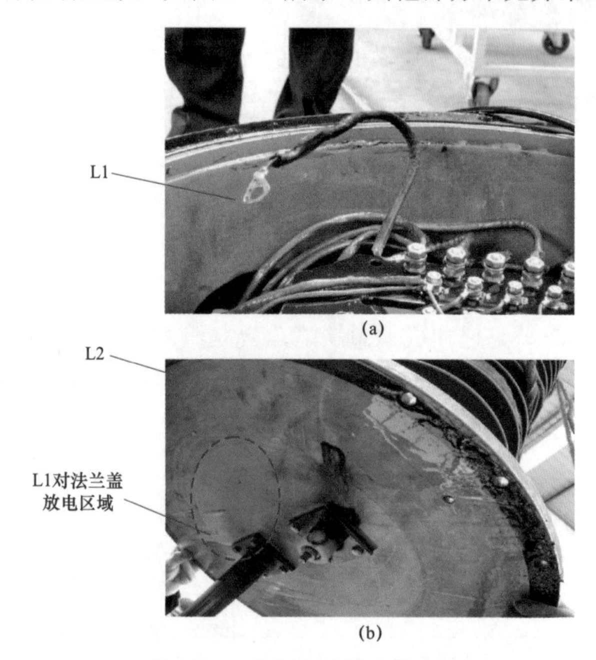

图 3－9 中间变压器油箱法兰

（a）拆开后的中间变压器；（b）中间变压器油箱法兰

解体之后将电压互感器内油放出，并将电容分压器与端子之间的引线 L1 拆除之后，又进行了高压试验，数据见表 3－10。

表 3－10 高压试验结果

高压试验项目	试验结果			
C1＋C2 介质损耗测试	$\tan\delta = 0.190$			$C_x = 7.134$ nF
中间变压器变比测试	AX/afxf＝207		AX/a1x1＝356.6	
中间变压器绝缘测试（GΩ）	一次对二次及地	δ 对地	a1x1 对地	afxf 对地
	81	26	41	52

电容式电压互感器的工作原理如图 3－10 所示。针对其原理结合试验及解体

的结果，分析如下：解体前电容分压器 C1 和 C2 正常，中间变压器绝缘电阻和变比合格，二次绕组无异常。但电容器低压端 δ 点对地绝缘为仅为 600Ω，低于标准要求，说明 δ 点与壳之间绝缘遭到损坏，另从油化试验也可以看出电压互感器内存在放电。电压互感器解体之后将中间变压器油放尽，将电容分压器吊开，拆开电容分压器低压端引线 L1，使引线 L1 和法兰隔开再测量，此时 δ 点对地绝缘为 26GΩ，说明连接线 L1 和法兰板之间的绝缘损坏是导致末屏 δ 点对地（壳）绝缘偏低直接原因。

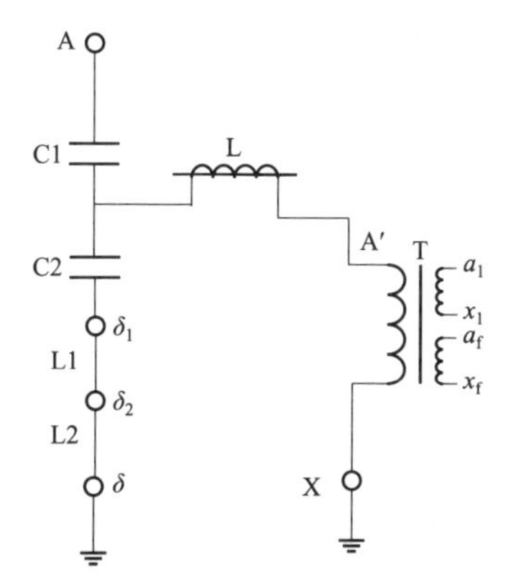

图 3－10　电容式电压互感器基本原理图

C1，C2—分压电容；L—串补电抗器；T—中间变压器；L1，L2—末屏连接线

正常情况下电容分压器末屏 δ 点是接地的，如果内部连接线 L1 和 L2 连接牢固，整个连接线是不会带电的。如果电容分压器末屏连接线有断开点或连接不牢固，则从断开点到 C2 末端的连线都会带电。从图中显然可以看出，L1 和 L2 是带电的，因为 L1 的外绝缘已经对地放电烧损。因此，可以肯定，电容分压器末屏连接线存在断开点或连接不牢固现象，在拆开油箱法兰后发现 L1 的连接螺丝确有松动迹象，使上面的分析得到了印证。因 L1 的绝缘护套被烧坏，造成 L1 与壳直接相碰，末屏对地间歇放电，二次侧输出电压周期性波动，这与运行人员发现的故障现象是比较吻合的。

综合以上的分析可以得出此次故障的结论：由于电压互感器电容分压器末屏与接地点之间有松动，导致电容分压器末屏连接线电位悬浮，并与法兰之间的绝缘击穿后对地间歇放电，引起中间变压器谐振发热，二次电压波动，且运行过程中产生较大噪声。

3. 结论与建议

由于电压互感器内电容器低压端及中间变压器低压端失去接地后，会产生较大的悬浮电压，对电压互感器安全运行产生影响，因此在例行试验及检修时，应注意严格测量其绝缘电阻，并在试验结束后应该注意恢复，并派专人进行核对，防止此类事故的发生。

110kV变电站10kV电压互感器、避雷器案例分析报告

一、案例简介

5月5日，10kV铁×线909断路器、铁×一线919断路器、10kV铁×二线923断路器动作，2号主变压器差动保护动作；110kV高×二铁支线152断路器、110kV分段150断路器、2号主变压器低压侧932断路器跳闸，110kV备自投动作，合上110kV高×一铁支线151断路器。经现场检查发现：10kV Ⅰ段母线电压互感器C相熔断器熔断，电压互感器本体炸裂，如图3－11所示；2号主变压器10kV过桥母线上的A相避雷器炸裂，如图3－12所示。

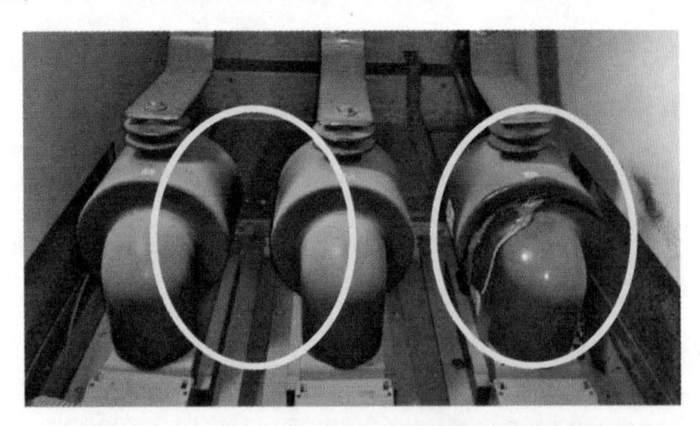

图3－11 Ⅰ段母线电压互感器 C相炸裂

图3－12 2号主变压器10kV过桥母线A相避雷器炸裂

跳闸故障发生后，配电运检对铁滨一线、铁涪二线、铁滨二线进行了巡视检查，发现如下问题：

（1）10kV 铁×线、铁×一线故障为中医院配电室高压电缆故障。

（2）10kV 铁×二线故障为×× 公司 1 号配电变压器低压出线电缆烧断，变压器低压绕组短路；纸厂家属区泰×公寓跌落式断路器上桩头烧断，熔管脱落。

（3）10kV 铁×二线故障为已销户的第二运输公司高压电缆（带电）被挖断。

另外，通过查询消弧线圈测控装置信息，发现 5 月 5 日共有三次对系统电容电流进行了补偿，其中有两次对 10kV Ⅰ段补偿 2 次，对 10kV Ⅱ段补偿 1 次。

第 0275 次 0000 接地　　未跳

13－05－05I 电压 2487.4V

02:02:23 电容电流 31.7A

02:02:24 补偿电流 32.9A

第 0275 次 0000 接地　　未跳

13－05－05I 电 5580.2V

08:01:43 电容电流 69.2A

08:05:33 补偿电流 69.7A

第 0275 次 0000 接地　　未跳

13－05－05I 电压 5298.4V

08:48:04 电容电流 65.3A

09:34:54 补偿电流 65.4A

故障跳闸后，运检部组织检修试验、变电运维对该变电站案例简介进行了检查，并于 10:5 对 10kV Ⅰ段母线电压互感器、Ⅱ号主变压器母线桥避雷器进行了故障隔离，10:14 10kVⅡ段母线恢复供电；11:00 检修试验按照主变压器近区短路故障对Ⅱ号主变压器进行了绕组变形、低电压短路阻抗、直流电阻测试、油色谱分析等试验，并对 10kV I 段母线电压互感器 A、B 相，Ⅱ号主变压器 10kV 侧避雷器 B、C 相进行了诊断试验，所有试验数据无异常；16:00，110kV Ⅱ号主变压器 10kV 侧避雷器恢复完毕，22:10 该变电站Ⅱ号主变压器投入运行；5 月 6 日 20:00 10kV Ⅰ段母线更换完毕。此次故障造成 10kV Ⅱ段母线失压，损失负荷约 5.4MVA。

二、案例分析

1. 缺陷原因

由保护数据及监控信息（见表 3－11）分析可知：

07:53　10kV 铁滨一线 919 断路器跳闸

07:53:12　Ⅰ号消弧线圈中性点电压为 5.58kV，Ⅰ段电容电流为 69.2A，补偿电流为 69.7A，处于过补偿状态

7:54　监控发现 10kVⅠ母 A 相电压几乎为零，其余两相升高为线电压

7:56　10kVⅠ母 A、B、C 三相电压分别升至 8.59、11、11.77kV

7:57　A、B、C 三相电压分别为 9.07、11.21、0kV

由以上现象可以推断，因 10kV 铁滨一线故障造成的扰动，10kV Ⅰ段母线电压互感器发生铁磁谐振，使得 B、C 相励磁电流突然增大以致磁路饱和，从而产生铁磁谐振过电压使 B、C 相电压进一步上升。07:57 10kV 铁涪二线 929 断路器跳闸，铁磁谐振被破坏，但由于铁磁谐振时间较长，且互感器熔断器额定电流为 2A，配置不正确，熔断器未能起到保护互感器的作用，互感器 C 相持续流过较大的励磁电流造成 C 相发热炸裂，C 相熔断器熔断。

表 3-11　10kV铁×二线故障时变电站 10kVⅠ母电压

时间	变电站 10kVⅠ母电压			
	U_A	U_B	U_C	$3U_0$
7:54	0.56	10.16	10.09	130.1
7:55	2.01	11.47	11.97	33.32
7:56	8.59	11	11.77	33.32
7:57	9.07	11.21	0	33.32

炸裂的避雷器额定电压 U_r=15kV，持续运行电压 U_c=12kV，而 DL/T 804—2014《交流电力系统金属氧化物避雷器使用导则》规定 10S 以上切除故障的 10kV 系统避雷器应选用 17kV 的额定电压，同时要求持续电压大于或等于 1.1 倍线电压。若避雷器参数配置较低，在平时运行过程中一旦遇到系统中有单相接地故障，过电压虽未达到避雷器动作电压，但此时加在避雷器两端的电压远大于该避雷器的持续运行电压，这时就会加速避雷器的老化，甚至导致避雷器发生热击穿而引起炸裂。

针对此次故障，通过保护提供的数据和配电运检检查结果以及消弧线圈测控装置数据可分析：8:39　10kV 铁滨二线 B 相发生弧光接地，此时 A、C 两相电压升高至线电压，由于避雷参数配置低，并有一定程度的老化（故障后，对 A、B 相避雷器做了直流耐压试验，泄漏电流达 400mA），因此流过避雷的持续运行电流增大，且持续时间长达 47min，所以避雷器本体温度持续上升最终导致炸裂，

同时形成A、B相间短路触发主变压器差动动作。

2. 结论与建议

（1）加强10kV线路的巡视、维护及对用户设备的监管，减少单相接地故障发生，降低引发铁磁谐振的概率；选用励磁特性好的电压互感器；电压互感器的熔断器应配置合理。

（2）更换原避雷器为符合DL/T 804—2014《交流电力系统金属氧化物避雷器使用导则》规定的避雷器，即HY5WZ－17/45型避雷器；将避雷器安装位置改接在主变压器低压侧至10kV穿墙套管间的母线桥上。对其他变电站10kV避雷器进行清理，对于选型不合理的避雷器应及时更换；对于变压器10kV侧避雷器安装在开关柜内、过桥母线仓内的应改接至户外母线桥上。

110kV变电站110kVⅠ段母线电压互感器C相故障

一、案例简介

110kV变电站110kVⅠ段母线电压互感器于2004年投运，在2011年7月，运行人员反映电压互感器C相电压比B相电压高约2.5kV，比A相电压高0.5kV。7月28日停运进行高压试验后，发现C相变比误差达到3%以上，已不能继续投入运行，已于8月3日将高新区库房内备用电压互感器更换到该变电站。

2017年7月28日，停运110kVⅠ段母线电压互感器进行高压试验后，发现B相变比误差达到3%以上，已不能继续投入运行，见表3－12。

表3－12　试验数据

试验项目	试验仪器	试验时间	2008年12月6日			2011年7月28日		
		试验条件	温度：15℃；湿度：65%；气候条件：晴			温度：29℃；湿度：65%；气候条件：晴		
		相别	C			C		
电容值及介质损耗tanδ	AI－6000自动电桥	部位	$C_{总}$	C_1	C_2	$C_{总}$	C_1	C_2
		$U_{试}$（kV）	10	10	10	10	10	10
		tanδ%	0.0087	0.0071	0.0064	0.0099	0.0083	0.0072
		C_X（pF）	20130	25410	96910	20160	25410	97510
		C_N（pF）	20300	—	97800	20300	—	97800
		误差%	－0.84	—	－0.91	－0.69	—	－0.3

续表

试验项目	试验仪器	试验时间	2008年12月6日	2011年7月28日			
		试验条件	温度：15℃；湿度：65%；气候条件：晴	温度：29℃；湿度：65%；气候条件：晴			
		相别	C	C			
绝缘电阻测量	2500V绝缘电阻表	一次对二次及地	10000	—	—	—	
变比和极性测量				端子编号	1a 1n	2a 2n	da dn
				输入变比	1100	1100	635.1
				实测变比	1066	1065	612.2
				误差%	−3.1	−3.1	−3.6
				极性	—	—	—

二、案例分析

1. 缺陷查找

2011年7月，该变电站近几日遭受过雷击侵入波，虽经避雷器后，电压幅值降低，但仍比正常运行电压高出数倍。之前该母线电压互感器一直运行正常，雷雨过后电压互感器C相出现二次采样电压与正常采样电压高2V现象。电容式电压互感器是由非线性电感和电容器组成，在某些条件下自身或外部都可能产生铁磁谐振，为抑制铁磁谐振，电压互感器电磁单元有阻尼器装置，当铁磁谐振中产生的各种过电压，在中间变压器饱和前，首先使阻尼器饱和得到保护作用，电容式电压互感器在0～1.5U_n下或0～1.9U_n下能满足铁磁谐振的要求。但由于设备制造工艺、自身等原因及设备的个体差异，在经历了过电压后，出现铁磁谐振现象，由于产生的过电压致使阻尼器未在铁芯饱和之前饱和，进一步使电磁部分及电容的薄弱部分受损，从而使电容单元损坏。出现二次采样电压异常状况。电容单元受损后分压不正常，致使故障后变比测试误差增大的原因。

2. 缺陷原因

电容式电压互感器变比公式为C_2/C_1，魏坪站实测Ⅰ母C相电压互感器二次电压比正常相电压互感器高，并且从试验数据可以看出C_2电容量明显增加，可判断C相电压互感器C_2的部分电容单元被击穿。随后的解体验证了试验数据的分析。

110kV 变电站 10kV 电压互感器高压熔断器熔断分析

一、案例简介

2013 年 10 月 29 日 23:45，调控中心发现 110kV 变电站 10kV Ⅰ、Ⅱ母线电压同时异常越下限，后经运维人员现场检查发现 10kV Ⅰ母电压互感器 A 相、10kV Ⅱ母电压互感器 A、B 相高压熔断器熔断，在更换熔断器后 10kV Ⅰ、Ⅱ母线电压恢复正常。

二、案例分析

1. 缺陷查找

通过对保护装置动作记录、OPEN3000 故障告警收集分析，此次故障相关情况如下：

（1）2013 年 10 月 29 日 23:31:04，10kV 系统发生单相接地，10kV Ⅰ、Ⅱ母电压互感器开口电压越上限，B 相电压越下限，A、C 相电压越上限。持续 8s 后单相接地消失，10kV Ⅰ、Ⅱ母电压恢复正常。

（2）2013 年 10 月 29 日 23:32:45，10kV 新×三线 902 断路器过电流Ⅰ段保护动作，动作二次值 I=101A（保护定值 70A，动作时限 0s，电流互感器变比 400/5）。由主变压器保护录波图分析故障先是发生 A、B 相短路，经一个周波后发展为三相短路，过电流Ⅰ段动作。

（3）2013 年 10 月 29 日 23:32:46，10kV 新×三线 902 断路器过电流Ⅰ段动作跳开后重合闸启动，断路器重合成功。

（4）2013 年 10 月 29 日 23:39:14，10kV Ⅰ、Ⅱ母电压互感器断线，10kV Ⅰ、Ⅱ母电压越下限。

2. 缺陷原因

综合保护情况分析及现场检查，判断此次故障原因为瞬间故障消失时激发铁磁谐振造成电压互感器高压熔断器熔断。经核实 110kV 变电站 10kV Ⅰ、Ⅱ母电压互感器均未安装一、二次消谐器。

从整个掌握情况中可推断 23:31:04 的单相接地极有可能是 10kV 新×三线线路上间歇性故障造成的，在 23:32:45 发展为两相、三相短路故障，虽保护动作断路器重合成功了，但线路上间歇性接地仍未消除。23:39 随着又一次的单相瞬时接地和消失，线路对地电压将突变回原来的相电压，需要将多余的电荷释放，而只有通过电压互感器的中性点才能构成释放回路（无消弧线圈情况），大量电荷短时间内通过电压互感器一次测中性点释放，若电压互感器又没安装消谐器，引起了电压互感器的饱和，就可能激发谐振，造成电压互感器高压熔断器熔断。

3. 结论与建议

严格执行 DL 620—1997《交流电气装置的过电压保护和绝缘配合》，开展 10kV 母线电压互感器消谐器的清理排查工作，对未安装消谐器的按规定进行一次消谐器安装，对已经安装二次消谐的尽量改为一次消谐。